DAS GROSSE
GEWÄCHSHAUSBUCH

Inger Palmstierna

DAS GROSSE GEWÄCHSHAUSBUCH

Das ganze Jahr säen, ernten, genießen

VORWORT

Gewächshäuser machen Freude. Die Wärme und der Duft von Erde und Pflanzen, das Gefühl von Frühling, der Geschmack des Sommers und der Schutz vor dem Herbstwind – all das ist wunderbar. Die warme, schützende Umgebung ist ein Ort für Freude, Wachstum und Anbau.

Egal wie man sein Gewächshaus genießen will, es muss weder teuer noch anstrengend sein. Oft macht man es sich unnötig kompliziert. Das Einfache reicht meistens völlig aus. Wenn man sich entscheidet, wofür man das Gewächshaus verwenden will, und es dementsprechend einrichtet, kann man es mit wenig Aufwand zum Erblühen bringen. Zarte Radieschen, geliebte Geranien, sonnenwarme Tomaten, Schatten spendende Weinreben und hübsche Sommerblumen sind einige Beispiele.

Wer schon ein Gewächshaus hat, bekommt in der ersten Hälfte des Buches Tipps, welche Pflanzen man noch darin anbauen kann. Wenn das Gewächshaus nicht so funktioniert, wie man es sich vorgestellt hatte, kann man im hinteren Teil des Buches Ursachen dafür finden. Es geht um die „Hardware" in Form des Gebäudes selbst: Größe, Form, Wärme und Belüftung. Wer noch nicht den Schritt gemacht hat, sich ein Gewächshaus zu kaufen, bekommt Tipps und Ratschläge, woran man denken muss, bevor man sich entscheidet.

Das Gewächshaus ist ein Ort, der wärmer und heller ist als Garten und Wohnhaus. Es gibt den Pflanzen mehr Möglichkeiten zum Wachstum und uns mehr Möglichkeiten zum Anbau, aber es stellt auch größere Anforderungen an Erde, Wasser, Nährstoffe und Pflege. Darüber zu lesen hört sich vielleicht etwas langweilig an, aber es ist im Gewächshaus besonders wichtig, und die Anbautipps in diesem Buch geben auch Anfängern Chancen auf Erfolg. Denn während der letzten Jahre hat das Interesse am Anbau essbarer Gewächse zugenommen. Viele sind der Meinung, dass Eigenanbau die Lebensqualität erhöht: Regional, giftfrei, absolut frisch und herrlich aromatisch. Auch wenn es nur im kleinen Rahmen ist, versüßt es das Dasein ein bisschen, wenn man selbst gezogenes Gemüse auf dem Teller hat. Der Fokus hat sich zwar von Blumen auf gutes, gesundes Obst und Gemüse verlegt – aber ein Blumenstrauß auf dem Tisch macht an einem grauen Herbsttag immer noch eine besondere Freude.

Seit dieses Buch zum ersten Mal erschienen ist, haben sich Vorschriften und Verordnungen geändert, das Klima wird extremer, Garten und Einrichtung werden von Modeerscheinungen bestimmt. Es werden mehr neue Gemüsezüchtungen beworben als neue Blumensorten. Die Anzucht aus Samen geht zurück und Pflanzenstecklinge werden üblicher. Es gibt immer weniger Samenfirmen, und das Angebot von Sorten wird in ganz Europa immer einheitlicher. Ein Grund mehr, sich am Eigenanbau zu freuen.

Das Buch hat sich auf das wachsende Interesse für das Essbare eingestellt und inspiriert Sie hoffentlich zu noch mehr Eigenanbau, jetzt, wo die Möglichkeiten dafür noch größer geworden sind.

Inger Palmstierna

INHALT

1

ANSCHAFFUNG EINES GEWÄCHSHAUSES

Bevor man sich am Gewächshaus freuen kann, ist zu entscheiden, wofür man es verwenden will – als bequemen Wintergarten, geräumigen Ort für Anbau oder beides –, was Planung erfordert. Will man es das ganze Jahr über nutzen, und was darf es kosten?

SEITE 11

2

ANBAU IM GEWÄCHS-HAUS

Um auf einfache und effektive Art anzubauen, muss man wissen, was die Pflanzen zum Leben brauchen. Was kann man im Gewächshaus kultivieren und welche Art des Anbaus soll man wählen? Und was muss man bei Erde und Nährstoffen beachten?

SEITE 15

3

AUSSAAT, VORKULTUR, PIKIEREN

Einer der großen Vorteile von Gewächshäusern ist, dass man Pflanzen vorziehen kann, was nicht nur frühere Ernten ermöglicht, sondern auch Spaß macht. Welche Art von Vorkultur soll man wählen? Und was muss zwischen Anzucht und Auspflanzen passieren?

SEITE 27

4

SOMMERBLUMEN ZUM AUSPFLANZEN

Manche Pflanzen können nicht blühen, bevor der Frost kommt, andere blühen sehr spät, wenn sie nicht im Gewächshaus vorgezogen werden. Hier bekommen Sie Planungshilfen und Vorschläge für Sommerblumen, die ausgepflanzt werden können und den ganzen Sommer lang Freude machen.

SEITE 41

5

BREITSAAT FÜR BLÜHENDE RABATTEN

Wenn man Blumen im Gewächshaus als Breitsaat in Kisten anlegt, geben die Samen den größtmöglichen Ertrag, bevor man die kleinen Pflanzen auspflanzt. Und man vermeidet Schädlinge wie Vögel und Schnecken. Aber welche Sorten sind für Breitsaat geeignet und wie geht man vor? Und welche Pflanzen kann man zusammen verwenden?

SEITE 57

6

GEMÜSE IM GEWÄCHSHAUS

Es ist ein herrliches Gefühl, selbst gezogenes Gemüse zu essen, und weil der deutsche Sommer nie lang genug ist, bekommt man im Gewächshaus sicherere und größere Ernten als draußen. Wie gelingen beispielsweise Tomaten, Auberginen und Schlangengurken, Melonen und Physalis?

SEITE 61

7

GEMÜSEPFLANZEN ZUM AUSPFLANZEN

Auch Gemüse und Kräuter können vor dem Auspflanzen im Gewächshaus gesät und vorgezogen werden, um früher Ertrag zu bringen. So hat man auch weniger Arbeit mit Einzäunung und Unkrautjäten und vermindert das Krankheitsrisiko. Welches Gemüse eignet sich zur Vorkultur in Aussaatschalen und Töpfen und wie geht man vor?

SEITE 85

8

FRÜHE ERNTE IM GEWÄCHSHAUS

Wenn man im Gewächshaus Pflanzen in Kisten aussät und dann in ein Bodenbeet setzt, kann man Salat, zarte Frühlingszwiebeln und knackige Radieschen bereits im Vorfrühling genießen. Hier erfahren Sie auch, wie Sie schon gegen Ende Juni die ersten Kartoffeln ernten können.

SEITE 91

9

KLIMAFREUNDLICHE FRÜHBEETE

Ein Frühbeet ist eine clevere Ergänzung für ein Gewächshaus und baut auf einer jahrhundertealten Tradition auf, Frühgemüse anzubauen. Hier erfahren Sie die Vorteile von Frühbeeten, wie man darin anbaut und welche Pflanzen sich dafür eignen.

SEITE 95

10

GANZJÄHRIG BLÜHENDE GEWÄCHSHÄUSER

Viele träumen von einem Gewächshaus, das das ganze Jahr über eine blühende Oase ist. Aber wie kombiniert man Pflanzen so, dass das Gewächshaus unabhängig von der Jahreszeit immer gleich schön aussieht, und welche Pflege ist dafür nötig? Wie gelingen beispielsweise prächtige kletternde Weinreben?

SEITE 101

11

PFLANZEN IM GEWÄCHSHAUS ÜBERWINTERN

Das Gewächshaus ist ideal zum Überwintern von weniger robusten Pflanzen, die den deutschen Winter sonst nicht überleben, sodass sie viele Jahre lang Freude machen. Welche Pflanzen können überwintert werden, und was ist im Gewächshaus nötig, um gute Resultate zu erzielen?

SEITE 113

12

FRÜHLINGSBLUMEN, ZWIEBELPFLANZEN UND PERENNIERENDE PFLANZEN

Um den Garten früh zum Blühen zu bringen, kann man Zwiebeln im Topf im Gewächshaus überwintern und zu früher Blüte bringen. Erfahren Sie auch, wie man Frühlingsblumen wie Primeln und Stiefmütterchen aussät und überwintert.

SEITE 119

13

TOPFPFLANZEN – STECKLINGE UND SAAT

Topfpflanzen, die wir im Zimmer haben, fühlen sich im Gewächshaus wohl. Erfahren Sie, wie man Triebe oder Samen von Topfpflanzen im Gewächshaus aufzieht. Favoriten wie Geranien werden hier schöner, und viele Pflanzen profitieren von einer Kur im hellen Milieu des Gewächshauses.

SEITE 131

14

WAHL DES GEWÄCHS-HAUSES – PLATZIERUNG, GERÜST, MATERIAL

Es gibt ganz verschiedene Gewächshäuser auf dem Markt, bei der Wahl muss man auf vieles achten. Wo ist der richtige Platz im Garten und welche Bauverordnungen gelten? Erfahren Sie auch, was man bei Farbe, Form, Deckmaterial und Luftzirkulation bedenken muss.

SEITE 137

15

FUNDAMENT

Die Arbeit am Fundament des Gewächshauses ist sehr wichtig, aber nicht so schwer, wie viele meinen, besonders bei einem kleinen Gewächshaus. Ein größeres Gewächshaus erfordert etwas mehr Arbeit; hier erfahren Sie unter anderem, wie man das Fundament setzt oder ein abgesenktes Gewächshaus baut, das Wärme besser speichert.

SEITE 151

16

SEITE 157

BEHEIZUNG UND BEWÄSSERUNG

Das Klima hängt stark davon ab, wo man wohnt, was man bei der Planung von Beheizung und Bewässerung des Gewächshauses unbedingt berücksichtigen muss. Wie isoliert man es am besten für den Winter und sorgt für Schatten im Sommer, um ganzjährig eine gute Temperatur zu haben?

17

SEITE 171

EINRICHTUNG UND BELEUCHTUNG

Es gibt viele verschiedene Arten, ein Gewächshaus einzurichten, die davon abhängen, wie man es verwenden will. Was muss man bei der Wahl von Boden, Tisch und Regalen bedenken? Ist Beleuchtung nötig, und wenn ja, welche Art ist geeignet?

18

PFLEGE UND SAUBERKEIT

Ein Gewächshaus muss ordentlich gepflegt werden, um Schädlinge und Krankheiten zu vermeiden. Hier bekommen Sie Tipps, wie man innen und außen einen gründlichen Herbstputz durchführt, und was während der übrigen Jahreszeiten zu beachten ist.

SEITE 179

19

LESE- UND EINKAUFS-TIPPS

Während des Winters kann man sich durch Literatur in seinen Garten vertiefen. Hier gibt es Buchtipps und Anleitungen, wie man im Internet fundierte Informationen über Gewächshäuser, Pflanzen und Samen suchen kann.

SEITE 185

OHNE UMWEG ZU ...

Saat 28
Anzucht, pikieren 32
Zwiebeln und Knollen 53
Pflanzung und Pflege 54
Breitsaat 57
Gemüseanbau 86
Anbau im Frühbeet 96
Frühlingsblumen säen 120
Zwiebeln pflanzen 124
Perennierende Pflanzen säen 126
Stecklinge 131

GUT ZU WISSEN

Nährstoffe im Wasser 34
Tabelle – Sommerblumen 44
Breitsaat in der Kiste 59
Gemüse zur Vorkultur 88
Vorkultur und Anbau im Frühbeet 98
Im Frühbeet säen und früh ernten 98
Überwinterung von Pflanzen 117
Weihnachtliche Zwiebelpflanzen 125
Perennierende Pflanzen zum
    Aussäen 128
Kräuter zum Aussäen 129

REGISTER 188

IMPRESSUM 192

ANSCHAFFUNG DES GEWÄCHSHAUSES

Ein Gewächshaus ist eine ungeheure Bereicherung und schafft viele Möglichkeiten. Man wählt selbst, wie man es verwenden will – als Kaffeeplatz und Abstellraum bis zu effektivem Gemüseanbau –, aber man muss gut planen, wenn alles gleichzeitig Platz haben soll.

Wer praktisch orientiert ist, kann säen und pflanzen, Gurken und Basilikum ernten und gleichzeitig eine Blütenpracht in den Gartenbeeten schaffen. Das Gewächshaus gibt einem die Möglichkeit, fast das ganze Jahr über anzubauen, sich der Natur nahe zu fühlen und es dabei in seinem Schutz bequem zu haben. Man hat wohl kaum ein Hobbygewächshaus, um damit Geld zu verdienen, aber die Menge an Pflanzen und die Kilos Tomaten, die man erntet, bewirken trotz allem, dass es sich allmählich rechnet.

Der Genießer kann sich eine friedliche Oase mit Düften und attraktivem Grün schaffen. Einige wenige Pflanzen reichen, um die richtige Atmosphäre zu bekommen, die man für einen Platz mit Sitzmöbeln braucht.

Entscheidungen über Entscheidungen

Als erstes muss man sich entscheiden, wie man das Gewächshaus verwenden will. Das ist wohl der schwierigste Schritt vor der Anschaffung. Wenn man vor allem einen bequemen Wintergarten haben will, plant man es so. Wenn man viel anbauen will, müssen die Pflanzen den meisten Raum bekommen. Natürlich kann man den Plan von Jahr zu Jahr ändern, aber die Größe, Form und die Hülle des Gewächshauses werden dadurch bestimmt, wie man es verwenden will.

Die Gewächshäuser um die 10 m², die es bereits in vielen Gärten gibt, reichen für den Anbau der üblichen Pflanzen aus. Wenn man sowohl bequem Kaffee trinken als auch Tomaten anbauen will, muss man ein etwas größeres Gewächshaus planen. Hier kommt die Frage ins Spiel, ob man schon eine Baugenehmigung braucht (siehe Seite 138). Das erweitert aber die Möglichkeiten, das Gewächshaus gleichzeitig zum Anbau und als Wintergarten zu nutzen.

Gewächshäuser bestehen aus einem Fundament, einem Gerüst und Deckmaterial. Dazu kommt einfachere Technik wie Belüftung und Bewässerung samt Einrichtung. Die muss man gleichzeitig mit dem Gewächshaus aussuchen und kaufen. Wenn man ein Gewächshaus möchte, das das ganze Jahr über beheizt ist, muss man das vor dem Kauf entscheiden. Einfachere Beheizung wie Heizlüfter kann man auch später noch ergänzen.

Gewächshäuser gibt es in vielen verschiedenen Modellen. Wählen Sie eines, das Sie schön finden und das zu Ihrem Haus passt. Links altmodisch mit Ziegelmauer und hübschen Türen, rechts moderner funktionaler Stil auf einem einfachen Sockel.

Eigenbau aus alten Holzfenstern, geeignet für ein paar Tomatenpflanzen und Chilis

Angemessene Kosten

Sehr einfach und praktisch ist, ein Gewächshaus als Bausatz zu kaufen. Die gibt es in allen möglichen Modellen, Größen und Stilen für jeden Geschmack. Wenn man es selbst bauen will, kann man an einem einfachen Gewächshaus aus alten Fenstern genauso viel Freude haben wie an einem speziell für besondere Wünsche und Umgebungen entworfenen.

Die wichtigsten Aspekte bei der Anschaffung eines Gewächshauses sind Isolierung und Beheizung. Wenn man es im Winter beheizen und durchgehend Wärme haben will, kommt man in eine ganz andere Preisregion, als wenn man sich mit der Verwendung im Frühling, Sommer und Herbst begnügt. Die Kosten für Heizung und auch Beleuchtung summieren sich über den Winter. Wir haben inzwischen tendenziell immer mildere Winter mit nur einzelnen Kälteeinbrüchen, was die Beheizung im Gewächshaus wahrscheinlich weniger kostspielig macht. Außerdem gibt es neue

Techniken wie Sonnenkollektoren, Erdwärme und Luftwärmepumpen, die die Heizkosten reduzieren können. Aber die Beheizung bleibt der Kostentreiber Nummer eins. Andererseits: Wenn man das Gewächshaus verwenden will, um Pflanzen zu überwintern, kommt man um die Kosten herum, sie woanders zu verwahren. Große Olivenbäume, pompöse Engelstrompeten, die Geraniensammlung und andere Lieblinge kommen in einem hellen, frostfreien Gewächshaus gut zurecht. Die Heizkosten können teilweise dadurch eingespart werden, dass man nicht jedes Jahr neue Pflanzen zu kaufen braucht.

Das Fundament für ein Gewächshaus erfordert nicht so viel Arbeit, wie viele denken. Gewächshäuser, die im Winter nicht beheizt werden sollen, brauchen kein aufwendiges Fundament. Natürlich kann man graben, drainieren und Kies legen, aber für kleinere Gewächshäuser ist das nicht nötig, es sei denn, man möchte im Gewächshaus durchgehend einen festen Boden haben.

Kleinere Gewächshäuser können auf Balken stehen, die auf dem Boden liegen, ohne dass man Punktfundamente gießen muss. Gewächshäuser mit so einem einfachen Fundament haben schon Stürme überstanden. Wenn man Gewächshäuser aus Ländern mit milderem Klima kauft, muss deren Anleitung für das Fundament/den Sockel den deutschen Verhältnissen angepasst werden. Am einfachsten ist es, eine deutsche Firma oder einen deutschen Lieferanten zu nehmen, der die Anleitung bereits unserem Klima angepasst hat.

Wenn das Gewächshaus das ganze Jahr über als Wohnraum genutzt wird, ist auch ein aufwendigeres Fundament zu anderen Kosten nötig. Es wird dann als Anbau des Hauses gerechnet und kostet ungefähr genauso viel wie ein normales Zimmer, auch wenn man hier Wände aus Glas hat. Die Anschaffung eines Gewächshauses muss aber nicht die Welt kosten. Es muss kein Luxushaus mit gegossenem Fundament sein, um Freude damit zu haben. Während der Jahreszeiten, in denen das Gewächshaus verwendet wird, unterscheiden sich die Preisklassen funktionsmäßig kaum. Den Preis bestimmt aber maßgeblich, wie lange man das Gewächshaus im Jahr verwenden kann.

Garten, der Anbau von Pflanzen und der Aufenthalt in der Natur sind eine Quelle der Gesundheit und des Wohlbefindens. In einem Gewächshaus können Sie, unabhängig von Modell und Größe, Ihrer Gesundheit während des Großteils eines Jahres etwas Gutes tun.

Oben: Kleines Standardgewächshaus, genau richtig für Tomaten, Gurken und als Kaffeeplatz für zwei Personen
Unten: Größeres Gewächshaus für Anbau und Essplatz, der Sockel besteht aus Balken auf Bodenplatten (Plinthen)

ANBAUEN IM GEWÄCHSHAUS

Der Anbau von Pflanzen gibt einem Gewächshaus erst seine ganz spezielle Atmosphäre. Pflanzen, Wasser und Erde schaffen einen herrlichen Duft und eine hohe Luftfeuchtigkeit. Nichts kann leichter sein, als einen Samen in die Erde zu stecken, und heraus kommt eine Pflanze. Wenn alles funktioniert, wie es soll, reicht das. Pflanzen, die man anbaut, um Blüten und Ernten zu bekommen, erfordern mehr.

Wenn man frühzeitig plant, was man wie lange anbauen will, kann man ein praktisches und leicht zu unterhaltendes Gewächshaus bekommen. Planen Sie das, was Ihnen am wichtigsten ist: die Anbaufläche, den Kaffeeplatz oder den wirtschaftlichen Nutzen.

Eine gewöhnliche Planung sieht ein schmales Beet entlang der einen Längsseite des Gewächshauses vor. Dort werden hohe Pflanzen gepflanzt, zum Beispiel Tomaten- und Gurkenpflanzen. An der anderen Längsseite oder auch an der Schmalseite kann man Regale für Saaten und kleine Pflanzen vorsehen.

Wenn man das Gewächshaus noch intensiver nutzen will, kann man gut Dill, Salat und Basilikum zwischen den Tomatenpflanzen anbauen. Chili- und Paprikapflanzen können in etwas größeren Töpfen Platz finden, die den Gang entlang stehen. Man kann auch alle Pflanzen in Töpfen anbauen. Dann können sie bei Bedarf einfach umgestellt werden, sie brauchen aber mehr Aufwand bei der Versorgung mit Wasser und Nährstoffen.

Wenn das Gewächshaus größer ist, kann man die hintere Schmalseite als Kaffeeplatz, kombiniert mit einem Arbeitsplatz nutzen. Ganz schmale Regale, die an der Gewächshauskonstruktion befestigt sind, bieten Platz für eine Reihe Töpfe. Dort kann man Lieblingspflanzen wie Geranien, Fuchsien und Myrte sammeln.

Im Gewächshaus können die Pflanzen schneller wachsen als draußen. Deshalb muss man dafür sorgen, dass sie genug Wasser, Nährstoffe und Erde bekommen. Es wird immer mehr verbraucht, je größer die Pflanzen werden. Komposterde eignet sich ausgezeichnet für Gewächshäuser, Gemüsebeete, Rabatten und alle Töpfe.

Alternativ hat man frei stehende Regale, die man bei Bedarf umstellen kann, wenn man bei einer Feier oder für Gäste mehr Platz für einen größeren Tisch braucht.

Wie baut man an?

Im Gewächshaus kann man auf mehrere Arten anbauen, auch gleichzeitig. Man kann Pflanzen im Topf auf dem Boden stehen haben. Man kann flache Kisten mit Erde haben, in die man die Samen direkt sät. Dill, Petersilie und Salat können in Kisten wachsen, wenn man sie nach und nach erntet, wenn sie groß genug sind. Man kann Erdsäcke auf dem Boden oder in speziellen Pflanzkisten haben und darin ohne viel Schmutz etwas größere Pflanzen anbauen.

Man kann auch Anbauflächen in der Bodenerde des Gewächshauses haben. Dort platziert man am besten größere Pflanzen wie Tomaten und Gurken. Zuerst werden sie in Töpfen angesät, und wenn die Pflänzchen herangewachsen sind, setzt man sie in die Anbaufläche oder in einen größeren Topf.

Was baut man an?

Die meisten Hobbygärtner pflanzen in ihr Gewächshaus Tomaten und Gurken, aber die Möglichkeiten sind vielfältig. Um den Anbau und die Pflanzenwahl zu vereinfachen, haben wir im folgenden Kapitel Pflanzen, die gleiche Anforderungen stellen, in Anbaugruppen zusammengefasst. Tomaten und Gurken baut man zum Beispiel ziemlich ähnlich an. Anstatt dieselben Details für jede Pflanze zu wiederholen, gilt die Beschreibung für alle Pflanzen in der Gruppe. Wenn man den Anbau erweitern will, kann man es sich einfach machen und weitere Pflanzen aus derselben Gruppe wählen. Dann muss man nicht an so viele Details denken.

Wenn dann allmählich die Freude am Anbau und die eigene Erfahrung wachsen, kann man auch die Anzahl der Anbaugruppen erweitern. Mehrjährige Pflanzen können im großen Topf oder im Erdboden angebaut werden.

GRÜNE FUNDAMENTE

Alle Pflanzen brauchen Licht, Wasser, Nährstoffe und Wärme, um zu wachsen, aber es brauchen nicht alle gleich viel von allem. Unsere häufigen Unkrautpflanzen keimen schnell und kommen selbst zurecht. Eine Tomate keimt auch leicht, während eine Gurke dazu mehr Wärme verlangt. Wer anbaut, muss dafür sorgen, dass die Pflanzen jeweils alles bekommen, was sie für ihr Wohlbefinden brauchen. Dann geht der Anbau leichter, man muss weniger Arbeit investieren und bekommt mehr Ertrag, egal ob bei Blumen, Gemüse oder Obst. Wenn man weiß, wie Pflanzen funktionieren, ist es einfacher, es richtig zu machen.

Damit ein Samenkorn keimen kann, braucht es Feuchtigkeit. Der Samen muss in feuchte Erde gesetzt werden, damit er sich vollsaugen und keimen kann. Diese Erde sollte frei von Unkraut und Krankheiten sein und kaum Nährstoffe enthalten. Solche Erde nennt man **Anzuchterde**, sie ist in Tüten erhältlich. Es ist wichtig, dafür Anzuchterde zu verwenden. Pflanzen-, Kompost- oder Bodenerde funktioniert nicht so gut. Normale Pflanzerde enthält zu viele Nährstoffe, und normale Bodenerde enthält Unkrautsamen, die mit den ausgesäten Samen konkurrieren.

Die Erde

Wenn das Pflänzchen angewachsen ist, wird es in einen eigenen Topf mit nährstoffreicher Erde übertragen. Auch Jungpflänzchen, die man kauft, müssen möglichst umgehend in einen größeren Topf mit nährstoffreicher Erde umgepflanzt werden. Diese Erde kann man in Säcken kaufen. Sie heißt Pflanzerde, Pflanzenerde, Blumenerde, Gartenerde oder ähnlich. Kaufen Sie nicht die allerbilligste Erde. Der Preis der Erden hängt teilweise vom Nährstoffgehalt ab. Kauft man eine billige Erde, muss man Nährstoffe zukaufen und untermischen. Gekaufte Erde sollte frei von Unkrautsamen und Krankheiten sein.

Man kann auch Komposterde verwenden oder direkt in die Bodenerde pflanzen. Wenn man Boden- und Komposterde zu gleichen Teilen mischt, ist es am besten. Diese Erde ist nicht frei von Unkrautsamen, man muss das Unkraut jäten, sobald es aufkeimt.

Hat man viele große Töpfe, verbraucht man zum Befüllen viel gekaufte Erde, man kann sie deshalb mit Bodenerde verlängern. Gekaufte Erde enthält fast nur Torf. Wenn man sie mit der halben Menge Boden- oder Komposterde vermischt, wird es meistens auch eine etwas stabilere Erde, die nicht zu einem Klumpen eintrocknet. Die meisten Pflanzen fühlen sich in einer solchen Mischung wohl.

Kompost ist eine prima Art, biologische Abfälle zu verwerten und dadurch die beste Erde für den Anbau zu bekommen.

Wenn man Kompost hat, füllt man die alte Erde im Gewächshaus mit reichlich Kompost auf, anstatt sie auszutauschen.

Kompost

Wenn man aussät, verwendet man für alle Saat dieselbe Art von Anzuchterde. Die meisten Pflanzen kann man dann gut in normale Pflanzerde setzen. Kompost erde sollte man nicht zum Aussäen und auch nicht für Pflanzen verwenden, die eine chemisch saure Erde bevorzugen. Auch wenn man Eichenlaub mitkompostiert, wird der fertige Mischkompost chemisch kaum sauer genug reagieren. Reiner Laubkompost aus Eichen-, Walnuss- oder Kastanienblättern muss während der Rotte aber gekalkt werden, soll der fertige Kompost chemisch neutral reagieren.

Ansonsten kann man Komposterde, ergänzt mit zusätzlichem Stickstoff zum Beispiel aus Hühnerdung, sehr gut für größere Pflanzen und zur Erdverbesserung verwenden. Komposterde enthält natürlich vorkommende Bakterien und Kleintiere, die es in gekaufter Erde nicht gibt, und die den Pflanzen gut tun. Die Kleintiere aus dem Kompost sind gut, um Schädlinge fernzuhalten, sie helfen den Pflanzen auch bei der Nahrungsaufnahme. Pilze und Bakterien, die in Komposterde enthalten sind, arbeiten mit den Pflanzenwurzeln zu gegenseitigem Vorteil zusammen. Wenn man einen Garten hat, ist Komposterde ein Mittel zum pflegeleichten und frischen Anbau, sie ist mindestens genauso gut wie gekaufte Pflanzerde.

Nährstoffspeicher

Pflanzen können auf verschiedene Arten kultiviert werden. Man kann in Töpfen anbauen, großen oder kleinen, je nachdem, wie groß die Pflanzen werden. Man kann Pflanzen in die Bodenerde im Inneren des Gewächshauses setzen. Man kann Pflanzen direkt in Säcken mit gekaufter Erde anbauen. Eine weitere Art ist, in Sand und gemähtem Gras anzubauen. Alle Arten haben ihre Vor- und Nachteile. Allen gemein ist, dass die Nährstoffe in der Erde nicht für die ganze Anbauzeit reichen. Man muss regelmäßig Nährstoffe zufügen.

Stütze im Leben

Die Erde ist nicht nur ein Speicherort für Wasser und Nährstoffe. Sie ist auch die Stütze der Pflanzen. Die

Anbau am Boden mit Aufsatzrahmen als Rand

Anbau in Töpfen funktioniert, wenn sie groß genug sind.

Wurzeln halten die Pflanze in der Erde fest, sodass sie nicht umgeweht wird oder durch ihr eigenes Gewicht umkippt. Deshalb muss die Erde tief sein. Hundert Liter Erde entsprechen zwei großen Säcken gekaufter Erde, trocken wiegen die nicht mehr als 25–30 kg. Das ergibt in einem Aufsatzrahmen von einem Quadratmeter Fläche gerade einmal eine 10 cm tiefe Schicht Erde. Das ist nicht dasselbe, als wenn man größere Pflanzenarten in einer tiefen Grube anbaut, die genauso viel Erde enthält.

Die Erde beziehungsweise der Topf, in dem die Pflanze steht, sollte am besten immer mindestens 30 cm tief sein. Tiefere Erde stabilisiert die Pflanze und die Versorgung mit Wasser und Nährstoffen. Man braucht den Pflanzen dann nicht so oft Wasser und Nährstoffe zu geben.

Außerdem wird die Erde nicht so warm. Im Frühling will man ja durchaus, dass die Erde gut erwärmt wird, aber im Sommer kann sie zu warm werden, und das tut den Pflanzen nicht gut. Der Erdboden wird unter gleichen Bedingungen nie so warm wie die Erde in einem Topf.

Luftig und locker

Damit die Wurzeln Wasser und Nährstoffe aufsaugen können, muss die Erde locker sein. Die Wurzeln brauchen Luft um atmen zu können, sonst ersticken sie langsam aber sicher. Außerdem muss die Erde locker sein, damit die Wurzeln wachsen können. Die Wurzeln schieben sich durch die Erde, aber wenn diese zu dicht oder fest ist, kommen sie nicht weiter. Dann kommt die Pflanze nicht an das Wasser und die Nährstoffe heran, die weiter unten im Boden stecken.

Die Wurzeln müssen sich in der Erde ausbreiten können. Ein Stein, eine Betonplatte oder harter, kompakter Boden stoppt sie. Wenn man mit einer schweren Schubkarre über die Pflanzerde fährt oder oft auf die Erde tritt, wird diese zusammengedrückt.

Außerdem wird es viel anstrengender, die Erde beim Auswechseln umzugraben, wenn sie stark zusammengedrückt ist. Steigen Sie deshalb nie mit den Füßen oder Knien in Beete oder Anbaukisten, damit die Erde nicht stark verdichtet wird.

Anbau direkt im Erdsack, 1–2 Pflanzen pro 50-Liter-Sack.

Anbau in speziellen Trögen mit Wasserspeicher

Anbau am Boden

In der Bodenerde anzubauen, ist eine einfache und traditionelle Form der Kultivierung. Die Erde funktioniert wie ein riesengroßer Wasser- und Nährstoffspeicher, in dem die Wurzeln Platz haben, um sich auszubreiten. Sie können sich Nährstoffe und Wasser suchen, die tiefer unten im Boden sind. Man muss sich nicht so strikt um die Bewässerung kümmern. Es ist auch einfacher, die Pflanzen an der Decke festzubinden (siehe Seite 61).

Man sollte nicht Jahr für Jahr dieselbe Pflanzenart in dieselbe Erde pflanzen. Sonst sammeln sich während einer Saison Schädlinge in der Erde, die sich im nächsten Frühling früh auf ihre Futterpflanzen stürzen können. Deshalb soll man die Erde im Bodenbeet eigentlich jeden Frühling auswechseln oder verbessern.

Eine Methode, diese anstrengende Arbeit zu vermeiden, ist, reichlich Komposterde in den Boden unterzumischen, bevor man mit dem Anbau beginnt. Komposterde hilft, die Erde frisch und nährstoffreich zu erhalten. Man kann zusätzlich auch die Pflanzen von Jahr zu Jahr den Platz wechseln zu lassen, also Gurken auf der einen und Tomaten auf der anderen Seite zu haben und im folgenden Jahr umgekehrt.

Wenn man die Bodenerde im Gewächshaus zum ersten Mal herrichtet, gräbt man um und lockert sie bis zu 25–30 cm Tiefe auf. Das geht gut mit einer Grabegabel. Darauf wird eine 20 cm oder dickere Schicht Komposterde oder Pflanzerde gegeben und unter die Bodenerde gemischt. Die Erdschicht wird so um einiges höher als die sonstige Bodenfläche. Damit sie später nicht seitlich „ausläuft", baut man einen Rand aus Brettern oder Steinen. Mit der Zeit sinkt die Erde zusammen, in dem Maße, wie die Pflanzen Nährstoffe aufnehmen.

Jedes Jahr gräbt man dann Teile der Erde weg und füllt mit gekaufter Pflanzenerde oder Kompost auf. Wenn man nicht die gesamte Erde in den Bodenbeeten austauschen will, muss man jeden Frühling reichlich Kompost untermischen, damit die Erde nicht allmählich ausgelaugt ist. Die alte Erde kann man in den Gartenbeeten verwenden. Wenn man keinen Kompost hat, kann man auch Stallstreu (gerne benutzt) als Erdverbesserungsmittel benutzen, aber man muss weitere Düngemittel zufügen.

Anbau in Topf und Kiste

In Töpfen anzubauen, ist eine praktische Lösung. Große Töpfe werden mit Erde gefüllt und die Pflanzen eingepflanzt. Die Erde kann gekaufte Pflanzenerde sein und mit Komposterde und Bodenerde gemischt werden, wenn man will. Man kann die Erde jedes Jahr einfach auswechseln und den Pflanzen ganz neue, krankheitsfreie Erde geben. Wenn die Erde in einem Topf verdirbt, breitet sich das Problem nicht auf die anderen Töpfe aus. Es ist einfach, Pflanzen anzubauen, die spezielle Erde oder besonders viele Nährstoffe brauchen, weil man in den Töpfen unterschiedliche Erde haben kann.

Nachteilig ist, dass die Erde schnell warm wird, austrocknet und dass man sich sorgfältiger mit Wasser- und Nährstoffgaben um die Pflanzen kümmern muss. Je größer der Topf ist, desto besser. Ein 10-Liter-Eimer ist schon fast zu klein für eine Tomaten- oder Gurkenpflanze. Größere Plastiktonnen sind besser, aber sie sollten am besten nicht schwarz sein. Dunkle Farben heizen sich stark auf, und im Sommer kann die Erde zu warm für die Pflanzen werden. Die Töpfe können nach Bedarf umgestellt werden, was gut ist, aber das Aufbinden ist beschwerlich, wenn die Pflanzen schon groß sind. Große Töpfe sind auch schwer zu bewegen.

Der Anbau in Kisten ist eine Variante zum Anbau im Topf. Kisten aus unbehandeltem Holz können so gebaut werden, dass sie zur Flächenaufteilung im Gewächshaus passen. Die Erde in den Kisten wird jedes Jahr ausgetauscht. Wenn eine Kiste keinen geschlossenen Boden hat, können die Wurzeln der Pflanzen in die Bodenerde wachsen. Kisten auf Gestellen sind gut, wenn man Rückenprobleme hat oder im Rollstuhl sitzt, dann kann man sich leichter um die Pflanzen kümmern.

Anbau im Sack

Der Anbau im Sack ist eine Art Mischung aus Topf und Bodenbeet. Ein 50–60-Liter-Sack mit guter Pflanzenerde wird flach auf den Boden gelegt. Der Boden unter dem Sack sollte durchlässig sein, der Sack soll nicht auf Platten oder Asphalt liegen.

Man schneidet ein paar Kreuze in die Unterseite des Sackes, die auf dem Boden aufliegt. Durch sie soll überschüssiges Wasser ablaufen. Mit der Zeit werden auch die Wurzeln der Pflanzen durch die Löcher in den Boden wachsen. So bekommen sie Zugang zu dem Wasser und den Nährstoffen, die sich in der Bodenerde unter dem Sack befinden.

In die Oberseite schneidet man ein oder zwei Kreuze und setzt eine Jungpflanze in jedes Loch.

Man kann Reihen von Säcken ins Gewächshaus legen. Im Herbst muss man die Säcke nur herausnehmen und Gemüsebeete, Kompost oder Rabatten leeren. Im Frühling kauft man dann neue Erdsäcke.

Von Nachteil ist, dass die Erde in den Säcken schnell warm wird, genau wie in einem Topf, und dass man gut auf die Bewässerung achten muss. Die Erdschicht ist flach und bietet den Pflanzen nicht besonders viel Platz zum Festhalten. Wenn man Steinplatten oder Beton unter dem Sack hat, werden die Pflanzen besonders anfällig fürs Austrocknen, weil die Wurzeln nicht in die Bodenerde hinunter kommen.

Anbau im Sackständer mit Wasserspeicher

Es gibt spezielle technische Lösungen für den Anbau in Säcken, obwohl es eigentlich fast so ist, wie in Töpfen anzubauen. Ein 50–60-Liter-Sack mit guter Pflanzenerde wird in einen speziellen Bottich gelegt. Der Bottich hat hohle Stacheln, die Löcher in die Unterseite des Sackes stechen, sodass er Kontakt mit dem Wasserspeicher bekommt, der unter dem Bottich liegt. Die Stacheln funktionieren ähnlich wie Strohhalme, in denen das Wasser aus dem Speicher aufsteigt und sich im Sack verbreitet. An den Wasserspeicher kann man einen Schlauch zum Nachfüllen von Wasser koppeln. Nach etwa 5–6 Wochen muss man flüssige Nährstoffe zufügen, wenn die Nährstoffe in der Erde aufgebraucht sind.

In die Oberseite des Sackes schneidet man ein oder zwei Kreuze und setzt in jedes Loch eine Pflanze. Von Vorteil ist, dass man wegen des Wasserspeichers nicht so genau aufpassen muss. Nachteilig ist, dass es gleichzeitig sehr warm in der Erde werden kann.

Im Herbst muss man den Sack dann einfach nur herausnehmen und die Erde in Gemüsebeete, Kompost oder Rabatten entleeren. Im Frühling kauft man neue Erdsäcke.

Das ist also ein einfacher, aber kostspieliger „Topf", den es in mehreren Modellen gibt, die zum Teil auch für Balkone geeignet sind. Es gibt sogar Modelle mit zugehörigem Spalier für Tomaten- und Gurkenpflanzen.

Anbau in Sand mit Grasschnitt

In Sand mit Grasschnitt anzubauen ist eine Methode, die viele interessiert. Sand enthält keine Nährstoffe, behält aber die Form und ist leicht zu bewässern. Nährstoffe werden in Form von frischem Grasschnitt zugefügt, der auf die Sandfläche gelegt wird. Die Nährstoffe im Grasschnitt werden schnell abgebaut und freigesetzt, das funktioniert wie eine Kompostierung. Die Nährstoffe werden mit dem Wasser in den Sand gespült, wo sie die Pflanzen aufnehmen können. Diese Methode funktioniert ausgezeichnet, aber die Ernte wird weder besser noch schlechter als mit konventioneller Erde.

Ein Nachteil ist, dass der Grasschnitt einmal pro Woche in einer dünnen Schicht neu aufgelegt werden muss. Es dauert auch ein bisschen, bis der Abbau des Grases in Gang kommt, anfangs muss man ein anderes Düngemittel verwenden. Außerdem muss man den Sand extra kaufen und/oder heranschaffen, und Sand ist schwer. Man muss den Sand jedoch nicht austauschen, wenn er im Winter einfriert. Er ist dann soweit frei von Schädlingen, dass man im Frühling wieder darin anbauen kann.

Wenn man überschüssigen Grasschnitt hat, gibt es auch viele andere gute Arten, ihn im Garten zu verwenden. Wenn man den Grasschnitt einfach liegen lässt, wird er schnell abgebaut und düngt den Rasen. Frischer Grasschnitt kann auch als Düngemittel für Rosen, Gemüse und Sommerblumen genutzt werden. Man legt ihn in der ersten Hälfte des Sommers mehrmals in einer 0,5–1 cm dicken Schicht auf die Erde. Wenn man den Grasschnitt auf den Kompost legt, beschleunigt er den Abbau. Man muss ihn jedoch untermischen. Legt man nur eine dicke Grasschicht auf den Haufen drauf, bekommt man einen übelriechenden trockenen Fladen als Decke auf dem Kompost.

NÄHRSTOFFE

Alle Pflanzen brauchen regelmäßig Nährstoffe. Pflanzen in Gewächshäusern, die schneller wachsen und größer werden als die Pflanzen draußen, brauchen besonders viele Nährstoffe. Man kann sie extra in die Erde mischen oder Erde kaufen, die bereits viele Nährstoffe enthält. Diese reichen jedoch nur 3–5 Wochen,

dann wird Nachschub benötigt. Man kann entweder mehr Nährstoffe in die Erde mischen oder die Pflanzen mit flüssigen Nährstoffen gießen beziehungsweise eine automatische Bewässerung einsetzen, die flüssige Nährstoffe enthält.

Natürliche oder künstliche Dünger

Dünger kann entweder industriell hergestellt oder natürlich sein. Der meist anorganische Handelsdünger wird in großem Maßstab produziert. Naturdünger kann Kuhdung, Hühnerdung oder eine Mischung aus mehreren Naturprodukten wie Blutmehl und Knochenmehl sein. Es gibt auch Mischungen von Naturdüngern, die mit Handelsdünger angereichert sind.

Sowohl anorganische Handelsdünger als auch Naturdünger werden in fester und flüssiger Form verkauft. Die festen mischt man in die Erdoberfläche, die flüssigen verdünnt man mit Wasser und gießt die Erde damit. Wenn die Pflanze den Dünger aufnehmen soll, muss er im Wasser gelöst sein, das in der Erde ist. Die Wurzeln saugen dann das Wasser mit einer schwachen Mischung und den Nährstoffen aus Dünger und Erde.

Pflanzen, die wachsen, profitieren am meisten, wenn sie die ganze Zeit über ausreichend Dünger und Wasser bekommen. Die Erde ist „die Suppenschüssel der Pflanze" und muss Nährstoffe und Wasser enthalten.

Deshalb muss man auch draußen immer gießen, wenn man gedüngt hat, oder vor einem Regenfall düngen.

Der Vorteil von Handelsdüngern ist, dass sie sich im Wasser lösen und sofort für die Pflanzen zugänglich sind. Nachteilig ist, dass das, was die Pflanzen nicht sofort aufnehmen, zusammen mit dem Wasser im Grundwasser verschwindet. Zu viel Dünger, der bei Regen ausgeschwemmt wird, erhöht den Stickstoffgehalt unserer Seen und Wasserläufe.

Organischer Naturdünger muss in der Erde zersetzt werden, damit die Pflanzen ihn aufnehmen können. Das dauert ein bisschen, sodass die Nährstoffe etwas langsamer verfügbar werden, was im Ackerbau häufig als Nachteil betrachtet wird. Der Abbau geht dann so lange vor sich, wie es etwas abzubauen gibt und die Erdtemperatur mindestens 5 °C beträgt. Wenn man Naturdünger verwendet, gibt es daher langfristig Nährstoffe im Boden, die die Pflanzen aufnehmen können, was sehr gut ist. Außerdem unterstützt man die Kleintiere, die die organischen Nährstoffe im Boden abbauen. Diese sorgen dafür, dass die Erde locker und porös wird. Würmer, nützliche Bakterien und Pilze, die mit den Wurzeln der Pflanzen zusammenarbeiten, fühlen sich in Erde mit Naturdünger wohler als in Erde mit Handelsdünger.

Nahrungsaufnahme

Am besten wachsen die Pflanzen, wenn sie regelmäßig Zugang zu Nährstoffen haben. Regelmäßig ein wenig Dünger geben führt dazu, dass es immer Nahrung gibt, wenn die Pflanzen sie brauchen. Pflanzen nehmen in der Regel nicht mehr Nährstoffe auf als sie brauchen, mit gewissen Ausnahmen, zum Beispiel Stickstoff.

Es ist ungünstig, in großen Zeitabständen große Mengen an Dünger zu geben. Deshalb sollte man nicht in großen Abständen dann jeweils besonders viel düngen. Wenn die Nährstoffe sich gelöst haben, nimmt die Pflanze sofort das auf, was sie benötigt. Das Wasser versickert dann langsam im tieferen Erdreich und nimmt die gelösten Nährstoffe mit, an die die Pflanze dann nicht mehr herankommt. Nachdem die Pflanze jeweils nur so viel aufnimmt, wie sie gerade braucht, muss sie ohne weitere Nährstoffzufuhr auskommen, bis man

Man kann unter anderem aus Beinwell selbst Dünger herstellen.

Gekaufte Erde im Sack besteht hauptsächlich aus Torfmull, der den verschiedenen Bedürfnissen der Pflanzen angepasst werden kann.

Bestimmte Pflanzen, zum Beispiel Kamelie, Blaubeere und spezielle Weinreben brauchen besondere, chemisch saure Erde, damit sie die richtigen Nährstoffe aufnehmen können.

zum nächsten Mal düngt. Das führt zu schlechterem Wachstum, schlechterer Blütenbildung und schlechteren Ernten sowie im Freiland zu einer stärkeren Verunreinigung des Grundwassers.

Kontinuierliche Ernährung

Eine sehr praktische Lösung ist, flüssigen Dünger in einer Hydromat-Bewässerungsanlage mit dem Gießwasser zu mischen. Dann bekommen die Pflanzen die ganze Zeit Nährstoffe. Man muss jedoch regelmäßig kontrollieren, ob die Tropfstäbe funktionieren, und den Behälter nachfüllen. Es ist schwierig, bei diesem System Naturdünger zu verwenden, der Partikel enthält, die die Tropfstäbe schnell verstopfen.

Eine gute Methode ist auch, der Erde Langzeitdünger zuzuführen. Er sieht aus wie kleine Stecknadelköpfe und findet sich oft in gekaufter Erde von guter Qualität. Der Dünger ist in die kleinen Kugeln eingekapselt, deren Schale sich nach und nach auflöst. Wie viele Nährstoffe freigesetzt werden, hängt von Wärme und Feuchtigkeit ab. Je wärmer und feuchter die Erde ist, desto mehr Nährstoffe treten aus. Das ist praktisch, denn Pflanzen wachsen umso schneller, je sonniger, wärmer und feuchter es in einem gewissen Rahmen ist. Je schneller die Pflanzen wachsen können, desto mehr Dünger brauchen sie, um nicht an Nährstoffmangel zu leiden.

Eine weitere Alternative ist, die Pflanzen mit einer Gießkanne mit Wasser und Dünger zu wässern. Umfassende Versuche haben gezeigt, dass die meisten Pflanzen sich wohl fühlen und gut wachsen, wenn sie flüssige Nährstoffe wie Substral oder ein anderes Vogeldung-Präparat bekommen, bei jedem Gießen 1 ml in 1 l Wasser. Große Pflanzen bekommen mehr Wasser und damit automatisch mehr Nährstoffe, kleinere Pflanzen weniger Wasser und weniger Nährstoffe. Je wärmer es ist, desto mehr wachsen die Pflanzen, desto mehr Wasser brauchen sie und desto mehr Nährstoffe bekommen sie damit automatisch.

Anzuchterde enthält kaum Nährstoffe. Alle kleinen Töpfe mit Pflanzen zum Auspflanzen, Pflanzenampeln, Sommerknollen und anderes, das man im Gewächshaus zieht, sollten mit flüssigem Dünger gegossen werden. Anzuchtschalen mit Gemüsepflanzen profitieren auch von regelmäßigen Nährstoffen, nachdem der Samen gewachsen ist und die ersten beiden Blätter sich entwickelt haben. Sommerblumen im Topf, Pflanzen in Balkonkästen und Topfpflanzen mögen diese Mischung mit Topfpflanzendünger auch.

Man kann dasselbe Nährstoffwasser auch für Beete und Rabatten verwenden, aber der Verbrauch ist hoch. Eine normal große Gießkanne fasst 10–12 Liter Wasser. Man folgt nicht der Dosierung auf der Flasche, sondern stellt eine schwächere Lösung her, die bei jedem Gießen verwendet wird: zwei Teelöffel (1 TL = 5 ml) Topfpflanzendünger, also 10 ml pro Kanne. Egal ob bei Büschen, Gemüse, Blumen oder Pflanzen zum Auspflanzen: Volldünger und Topfpflanzendünger funktionieren gleich gut.

Die richtigen Nährstoffe

Pflanzen brauchen Nährstoffe, um wachsen und blühen zu können. Geizt man mit Nährstoffen, wachsen sie schlechter. Man soll sie allerdings auch nicht damit überschütten, das kann völlig schiefgehen. Stickstoff hat das chemische Symbol N (von Nitrogenium) und ist bei Pflanzen sehr beliebt. Sie nehmen davon weit mehr auf, als sie unbedingt brauchen, und wachsen dann kolossal. Es werden hohe, üppige Pflanzen, aber sie bilden weniger Blüten und Früchte. Kartoffeln werden groß, wässrig und schmecken schlecht, Tomaten bleiben geschmacklos und Chilis werden nicht würzig scharf. Man sollte deshalb nicht selbst mit Nährstoffmischungen herumexperimentieren, sondern Produkte kaufen, die eine gute Balance aus allen Nährstoffen enthalten.

Die Produkte, die alles enthalten, was die Pflanze braucht, werden Volldünger genannt. Volldünger von bekannten Qualitätsfirmen ist gut geeignet. Wählt man andere Produkte, sollte der Stickstoffgehalt („N") 5–10 Prozent betragen. Die Mischung sollte auch Mikronährstoffe enthalten. Guter Dünger ist nicht teuer, aber richtig billiger kann schlechter sein, weil eventuell wichtige Stoffe fehlen. Pflanzen brauchen etwa 20 verschiedene Stoffe wie Eisen, Mangan und Kalk, um gut wachsen zu können. Die Nährstoffe müssen jedoch in einer Mischung auftreten, die die Pflanzen aufnehmen können. Wenn nur „NPK" (Stickstoff-Phosphor-Kalium) auf der Flasche steht und nichts Kleingedrucktes auf dem Etikett, fehlt vermutlich der Rest.

Klimafreundlicher Dünger

Man kann auch eigenen Dünger herstellen, wenn man möchte. Schon seit vielen Jahren werden dafür vor allem Nesseln und Beinwell verwendet. Genauso wie bei Kompost enthalten die Pflanzen die Nährstoffe, die sie selbst brauchen. Wenn sie abgebaut werden, werden die Nährstoffe wieder der Erde zugeführt und können für neue Pflanzen verwendet werden.

Das passiert im Kompost, aber der Stickstoff (N), der fürs Wachstum wichtig ist, bleibt oft nicht in ausreichender Menge erhalten. Aus Kompost auf Beeten und Feldern spülen kräftige Regenfälle den Stickstoff in die nächsten Wasserläufe, was dort für Überdüngung der Wasserpflanzen sorgt.

Wenn man einen Eimer oder eine Tonne mit dicht schließendem Deckel mit zerkleinerten Nesseln oder Beinwell füllt und Wasser darüber gießt, dann verrotten die Pflanzen. Für eine gute Gärung soll man täglich einmal umrühren. Warten Sie mindestens zwei Wochen bis einen Monat und gießen Sie dann die Flüssigkeit ab. Sie beinhaltet alle Nährstoffe, die nötig sind, und ist gratis. Vor dem Gießen – nur direkt auf die Erde! – im Verhältnis 1:10 mit Wasser verdünnen. Übrig bleibt eine braune, übel riechende, stickstoff- und nährstoffreiche Masse. Die Reste wirft man auf den Kompost.

Eine weitere Möglichkeit ist, Urin zu verwenden. Normalerweise ist Urin steril und stickstoffreich, er sollte mit ungefähr 10 Teilen Wasser verdünnt werden, bevor damit gegossen wird.

Torferde

Verschiedene Sorten Erde enthalten verschiedene Nährstoffe. Fast jede Erde im Sack ist aus Torfmull hergestellt. Torfmull wird in Torfmooren abgebaut und ist chemisch sauer, unkrautfrei, locker und nährstoffarm. Da der Torf an sich keine Nährstoffe enthält, ist es einfach, ihn so zu mischen, wie man ihn haben will. Es brauchen nicht alle Pflanzen gleich viel von allen Stoffen, manche wollen mehr von diesem und weniger von jenem. Manche Pflanzen brauchen daher bestimmten Dünger und bestimmte Erde. Die meisten Pflanzen mögen kalkige und gedüngte Erde.

Pflanzen, die keinen Kalk mögen, brauchen eine chemisch saure Erde, die **Rhododendronerde** genannt wird. Rhododendron, Blaubeere, Kamelie und die Weinrebe Vitis labruska brauchen zum Beispiel kalkfreie Erde und speziellen Dünger. Sie können Nährstoffe wie Eisen nur schwer aufnehmen, wenn sie in der falschen Erde stehen. Das sieht man daran, dass die Pflanzen kaum wachsen und die Blätter gelb werden.

Zitruserde ist gut für Zitrusfrüchte, sie beinhaltet viel Lehm und ist etwas kräftiger als normale Erde, aber auch etwas chemisch sauer. Zitrusgewächse bekommen

Dieses Gewächshaus ist im Sommer bis unter das Dach dicht begrünt.

aufgrund von Nährstoffmangel oft gelbe Blätter, wenn sie in normaler Erde stehen.

Anzuchterde ist ein Muss beim Säen in Töpfen und Kisten. Eventuell übrig gebliebene Erde kann man zum Vorkeimen von Kartoffeln verwenden.

Es gibt noch viele andere mehr oder weniger notwendige spezielle Sorten Erde. Oft sind sie von hoher Qualität. Gut, aber nicht notwendig ist spezielle **Rosenerde**. Sie enthält viel Lehm, was Rosen mögen.

Geranienerde enthält besonders viele Nährstoffe, sowohl schnell wirkende als auch Langzeitdünger. Sie reichen also für einen langen Zeitraum aus. Geranien brauchen viele Nährstoffe, um überbordend zu blühen. Klematis im Topf mögen auch Geranienerde, großblütige Klematis brauchen viele Nährstoffe, um richtig schön zu werden.

Sommerblumen in Töpfen und Ampeln brauchen besonders gut gedüngte Erde von richtig guter Qualität mit Langzeitdünger. Auch hier kann Geranienerde geeignet sein.

Sehr billige Erde kann als Erdverbesserung in Rabatten und Gemüsebeeten verwendet werden. Wenn man sie mit der Hälfte Bodenerde vermischt und Dünger hineingibt, kann sie zum Pflanzen von mehrjährigen Pflanzen im Garten verwendet werden, aber nicht für Töpfe, Ampeln oder Balkonkästen. Dort wird nährstoffreichere Erde benötigt, weil im Vergleich zum Boden nur sehr wenig Erdvolumen in das Gefäß passt. Aber auch eine richtig gute Erde kann nicht so viele Nährstoffe enthalten, dass es für eine Geranie oder eine Tomate den ganzen Sommer über reicht. Überdüngte Erde wäre so „scharf", dass sie giftig wäre. Deshalb muss man etwa einen Monat nach dem Pflanzen beginnen, mit Nährstoffwasser zu gießen, und je nach Pflanze und Wetter bis in den Spätsommer fortfahren.

Außer Spezialerde und Dünger gibt es Mittel, die den chemischen Säuregrad der Erde verändern. Ein solches Spezialmittel ist „Hortensienblau", das verwendet wird, damit Hortensien anstelle der rosafarbenen Blüten, die sie in normaler Erde bekommen, blau blühen.

AUSSAAT, VORKULTUR, PIKIEREN

Richtig erfüllend und wahrscheinlich auch am lohnendsten ist es, das Gewächshaus zur Aussaat und Anzucht von Pflanzen zu verwenden. Sowohl mehrjährige Pflanzen und Sommerblumen als auch Gemüse können im Gewächshaus gesät und vorgezogen werden.

Der große Vorteil an einem Gewächshaus ist, dass man Pflanzen vorkultivieren kann. Vorkultur bedeutet Vorziehen, in der Gartensprache ist kultivieren dasselbe wie anbauen. Vorkultur schafft frühere Ernten und Blüten, Pflanzen für Balkonkästen, Töpfe und Ampeln. Man kann Gartenbeete und Rabatten mit Gemüse und Blumen füllen.

Welche Art von Vorkultur man wählt, hängt von der Art der Pflanzen und davon ab, wie lange die Pflanzen vorgezogen werden sollen. Will man blühende Pflanzen bekommen, die mit gekauften vergleichbar sind, muss man mit der Aussaat und einer oder mehreren Umpflanzungen rechnen. Wenn man schnell und einfach möglichst viele Pflanzen möchte, die man in Rabatten und Beete setzen kann, ist die Breitsaat in einer Kiste eine gute Alternative.

Samen

Man kann bereits im Spätwinter und Frühling säen. Während der Aussaat selbst ist nicht so viel Licht nötig, dann können die Saatkisten eigentlich überall stehen, wenn sie nur normale Zimmertemperatur haben, ca. 20 °C. Sobald die Samen aber gekeimt sind, brauchen sie Licht. Wenn man früh im Jahr sät, im Januar bis Februar, muss man sie dann im Haus oder im beheizten Gewächshaus aufbewahren, in beiden Fällen mit extra Beleuchtung.

Wenn man kein gut beheiztes Gewächshaus hat, ist es am einfachsten, mit der Aussaat im Haus zu beginnen. Dort ist es leichter, die Saat unter Kontrolle zu haben, wenn sie keimt, und sie feucht zu halten. Später, wenn die Pflänzchen etwas größer geworden sind, stellt man sie ins helle Gewächshaus. Je später im Frühling man sät, desto einfacher ist es. Es wird mit jeder Woche

wärmer und heller, was für Samen wie Pflanzen besser ist. Wenn die Temperatur im Gewächshaus steigt, kann man die Saatkisten dorthin stellen, vorausgesetzt, es wird nachts nicht zu kalt. Es sollte nachts mindestens 10 °C haben, wenn die Saat die ganze Zeit dort stehen soll.

Aussaaten brauchen wenig Platz, dafür muss man eigentlich gar kein Gewächshaus haben. Man kann die Kisten dicht nebeneinander auf eine Arbeitsfläche stellen und Beleuchtung darüber hängen (siehe Seite 175). Wenn die aufgegangene Saat nach ein paar Wochen in Töpfe umgepflanzt wird, wird es meistens zu eng und zu dunkel, weil nicht alle Pflanzen auf dem Fensterbrett oder unter der Beleuchtung Platz haben. Dann ist es Zeit fürs Gewächshaus. Wenn nachts zusätzliche Wärme benötigt wird, kann man das mit einem Heizlüfter

Vorfreude ist, zwischen all den Samen wählen und später selbst Pflanzen anbauen zu können, die es nicht zu kaufen gibt. Lesen Sie die Anweisungen auf den Samentütchen, wie sie ausgesät und gepflanzt werden sollen.

SO WIRD'S GEMACHT – AUSSAAT IN DER KISTE

Für kleine Samen ist es gut, die oberste Erdschicht darauf zu sieben.

Säen Sie nicht zu dicht, das ergibt schönere Pflanzen, die später jeweils in einen eigenen Topf gesetzt werden.

- Kaufen Sie spezielle Aussaaterde, die Sie in gut sortierten Gärtnereien und Baumärkten bekommen. Aussaaterde enthält normalerweise Perlite, kleine, weiße Körner, die dabei helfen, sie porös und feucht zu halten.
- Lesen Sie zuerst den Text auf der Samenpackung und folgen Sie den Anweisungen. Manche Samen sollen mit Erde bedeckt werden, aber nicht alle.
- Säen Sie in flache Behälter, die mit Erde gefüllt werden. Füllen Sie Erde hinein und drücken Sie leicht mit der Hand, sodass sie etwas verdichtet wird. Drücken Sie an den Ecken fester, dort sinkt die Erde beim Gießen zusammen.
- Säen Sie die Samen nicht zu dicht aus. Sät man viele, wird es in der Saatkiste zu voll und die Pflanzen dadurch mickriger. 10 gute Pflanzen sind besser als 20 schlechte.
- Bedecken Sie die Samen, indem Sie nach Anweisung Erde darüber sieben. Bedecken Sie so stark, wie auf dem Tütchen angegeben ist, von ca. 1 mm für kleine Samen bis zu 1 cm für große Samen.
- Töpfe mit Löchern werden von unten bewässert, das funktioniert am besten. Stellen Sie den Topf auf einen Unterteller mit Wasser. Die Saat kann das Wasser von unten aufsaugen, bis man sieht, dass die Erdoberfläche feucht wird.
- Töpfe ohne Loch werden mit einer Sprühflasche auf der Oberfläche fein besprüht. Wenn man eine Gießkanne verwendet, ist das Risiko groß, dass die Samen herumschwimmen und zusammenklumpen. Dann wachsen sie zu dicht und werden instabil. Die Wurzeln wachsen zusammen und reißen, wenn man sie beim Umpflanzen entwirren will.
- Stellen Sie die Saat in Minitreibhäuser oder auf Tabletts. Saat, die nicht mit Erde bedeckt ist, muss in einem Minitreibhaus stehen oder mit Glas, Plastik oder ähnlichem abgedeckt werden. Die Erdoberfläche, auf der die Samen liegen, muss feucht gehalten werden, damit diese keimen können.
- Stellen Sie die Saatbehälter in normale Zimmertemperatur, gerne über eine Heizung, sodass sie von unten Wärme bekommen.
- Sehen Sie jeden Tag nach der Saat. Kondenswasser am Dach des Minitreibhauses, der Plastikfolie oder der Glasscheibe muss entfernt werden. Nehmen Sie den Deckel ab und gießen oder wischen Sie das Wasser ab. Wenn das Wasser in die Saat tropft, kann sie zu schimmeln anfangen.
- Wenn die Saat auskeimt, kann man den Deckel vorsichtig abnehmen. Bestimmte Minitreibhäuser haben ein Ventil im Dach, das man öffnen kann. Ansonsten steckt man einen Zahnstocher oder etwas Ähnliches zwischen den Deckel und die Schale, sodass Luft hineinkommt. Auf diese Weise wird die Kondenswasserbildung verringert und somit das Risiko, dass die Saat verrottet.

In Minitreibhäusern oder mit Plastikfolie bedeckt wird die Saat feucht gehalten, bis sie ausgekeimt ist.

Wenn die Samen ausgekeimt sind, kann man den Deckel abnehmen.

- An sonnigen Tagen kann die Saat austrocknen. Wässern Sie die Saat wenn möglich von unten.
- Sobald die Samen Pflänzchen ausbilden, müssen sie heller und kühler gestellt werden. Je nach Jahreszeit kann das Licht auf dem Fensterbrett ausreichend sein. Wenn nicht, ist eine Zusatzbeleuchtung in Form von weißen Leuchtstoffröhren oder LED-Lampen erforderlich, die über der Saat hängen.

lösen. Man kann die Pflanzen auch in einen isolierten, beheizten Anbauschrank stellen, der im Gewächshaus steht. Ihn zu beheizen, erfordert nicht so viel Energie. Eine andere Variante sind beheizte Minitreibhäuser, die es zu kaufen gibt. Sie sind von unten beheizt, was für das Wachstum der Pflanzen gut ist, und sie können mit Beleuchtung ergänzt werden.

AUSSAAT DIREKT IM TOPF

Wählen Sie einen Topf in geeigneter Größe für die Saat aus. Die Topfgröße wird bei kleinen Töpfen in Zentimetern und bei großen in Litern gemessen. Einen runden Topf misst man quer am höchsten Punkt, das heißt die Größe ist der Durchmesser der Öffnung in Zentimetern. Normale Größen sind 7 bis 20 cm. Kleinere Töpfe sind oft viereckig, normalerweise von etwa 5 x 5 cm bis 8 x 8 cm.

Darüber hinaus sind Töpfe unterschiedlich tief, ein 8-Zentimeter-Topf kann flach oder hoch sein.

Größere Töpfe misst man gewöhnlich in Litern von 1–1,5 l bis zu 5 l und größer.

Wenn man Pflanzen kauft, geht die Größe des Topfes in den Verkaufspreis ein. Eine Pflanze in einem 5 x 5-cm-Topf ist normalerweise kleiner als eine der gleichen Art in einem 8 x 8-cm-Topf. Sie sollte billiger sein, weil beim Anbau mehr Pflanzen pro Quadratmeter Platz haben. Sie braucht beim Transport weniger Platz und verbraucht weniger Erde. Im Allgemeinen stellen Züchter Pflanzen in möglichst kleine Töpfe, damit sie preisgünstig sind. Deshalb sollten Sie, wenn Sie selbst anbauen, nie die Größe gekaufter Töpfe als Empfehlung ansehen! Bauen Sie in großen Töpfen an, dann bekommen Sie kräftige Pflanzen.

Man sollte aber nicht den kleinen Keimling aus der Saatkiste direkt in einen sehr großen Topf stecken, denn dann wachsen die Wurzeln mehr als der obere Teil.

Für Sommerblumen gibt es sogar fertige „Sixpack"- oder Mehrfach-Anbauboxen und andere Spezialtöpfe. Die können Sie aufbewahren und für den eigenen Anbau verwenden, wenn Sie daran denken, dass die Pflanzen darin sehr dicht stehen. Das kann beim Züchter, der viel Licht und Wärme einsetzt, gut gehen. In Hobbygewächshäusern kann es darin etwas zu gedrängt werden. Dem Wachstum der Pflanzen entsprechend stellt man

Große Samen wie die von Gurken werden direkt in einen eigenen Topf gesät.

Für bestimmte Pflanzen wie Lobelien werden mehrere kleine Samen, je 6–8 Stück, direkt in einen eigenen Topf gesät.

die Töpfe normalerweise auseinander, sodass die Pflanzen in alle Richtungen gleichmäßig wachsen können. Das geht natürlich nicht, wenn sechs Stück in einer eierschachtelartigen Kiste stecken.

Wenige und große Samen

Große Samen von Bohnen, Kürbissen, Gurken und Melonen sät man einzeln in jeweils einen Topf. Sie werden von Anfang an in große Töpfe mit 7–8 cm Durchmesser gesät, weil die Wurzeln recht empfindlich sind. Sie werden mit mindestens 1 cm Erde bedeckt und brauchen nicht mit Plastikfolie oder Glas zugedeckt zu

werden oder im Minitreibhaus zu stehen, weil sie Erde über sich haben. Sie benötigen zum Wachsen viel Wärme und sollten auf einem Tablett über einer warmen Heizung stehen. Wenn die Keimlinge heranwachsen und umgepflanzt werden müssen, sollte man besonders vorsichtig sein. Man nimmt dazu den ganzen Inhalt mit Erde und Wurzeln aus dem Topf. Der Erdklumpen wird sofort in einen größeren Topf mit 14–15 cm Durchmesser gesetzt, ohne dass die Wurzeln berührt werden. Dann gibt man mehr frische Erde rund um den alten Erdklumpen.

Viele kleine Samen

Manche Samen sollten zu mehreren in einen Topf gesät und dann nicht umgepflanzt werden. Es soll ein kleines Pflanzenbüschel ergeben, zum Beispiel bei Lobelien.

Wenn man sehr kleine Samen aussät, ist schwer zu kontrollieren, wie dicht die liegen, wie viele Samen tatsächlich auf der Erdoberfläche landen. Man kann deshalb kleine Samen in einer Schüssel mit trockenem, feinem Aquariumsand vermischen und dann die Mischung verstreuen. Die helle Farbe des Sandes macht auf der Erde sichtbar, wo man gesät hat, und die Samen sind mit dem Sand „verdünnt", sodass nicht zu viele in jeden Topf kommen. Das ist eine Kunst für sich, und es gibt viele verschiedene Methoden. Man kann etwas Sandmischung auf eine Messerspitze nehmen, mit einem Pfefferstreuer streuen usw.

Samen wie Staubkörner haben zum Beispiel Eisbegonien. Sie werden daher als pelletiertes Saatgut verkauft, das bedeutet, dass sie in Lehm eingerollt sind. Die Samen in den stecknadelkopfgroßen Lehmkügelchen können dann einzeln gesät werden. Das ist eine teure Behandlung, die nur mit Samen hoher Qualität gemacht wird. Pelletierte Samen brauchen besonders viel Feuchtigkeit um zu keimen. Die Lehmhülle wird von der Feuchtigkeit aufgeweicht und springt auf, wenn der Keim herauswächst.

KEIMFÄHIGKEIT UND KEIMZEIT

Die Keimung kann bei Samen unterschiedlich lange brauchen, und auch die Keimfähigkeit verschiedener Pflanzenarten variiert. Diese Informationen sollten sich auf dem Samentütchen befinden.

Pflanzen, die früh gesät werden, das heißt im Januar bis Februar, brauchen zusätzliche Beleuchtung, um richtig kräftig zu werden. LED-Lampen und Energiesparlampen sowie Leuchtstoffröhren schaffen viele neue Möglichkeiten.

Samen mit niedriger Keimfähigkeit sät man etwas dichter. Seien Sie nicht erstaunt, wenn es mehrere Wochen dauert, bis die Samen keimen. Bestimmte Pflanzenarten sind schwierig, aber geben Sie nicht auf. Normalerweise braucht man die Samen nicht nochmals zu wässern, bevor sie sprießen. Die Samen sollen aber außen die ganze Zeit bis zum Keimen feucht sein. Bei Samen einer Pflanzenart mit langer Keimzeit können sie austrocknen, bevor die Keimung einsetzt. Stellen Sie den Topf dann auf einen Unterteller und wässern Sie von unten. Gießen Sie nie direkt von oben auf die Samen, sie können brechen oder verrotten, wenn die Erde zu nass und zu fest wird.

Beleuchtung

Je früher die Aussaat beginnt, desto mehr Licht braucht sie zusätzlich um zu wachsen. Es besteht ein großer Unterschied zwischen dem Tageslicht im Februar und im April. Später ausgesäte Samen können diejenigen, die man früh gesät hat, sogar einholen, weil die frühen weniger Licht bekommen.

Januar, Februar und März sind bis zur Tagundnachtgleiche eine dunkle Zeit, in der künstliche Beleuchtung eine große Hilfe für das Pflanzenwachstum ist. Man kann das einfach und provisorisch mit einer Leuchtstoffröhre (Tageslichtspektrum) einrichten, die über die Saatbehälter gehängt wird. Will man in seinem Gewächshaus mehr beleuchten als ein paar Saatkisten und vielleicht blühende Kamelien haben, braucht man eine permanentere Beleuchtung (siehe Seite 175).

Im Haus funktioniert eine Lichtquelle mit kaltweißen Leuchtstoffröhren wunderbar. Sie sind länglich und passen gut über eine Fensterbank oder Ähnliches. Die Leuchte sollte 25–30 cm über den Pflanzen hängen. Es ist gut, wenn man sie erhöhen und absenken kann. Eine Möglichkeit ist, eine Leuchte an einem Regal mit versetzbaren Regalbrettern zu befestigen. Indem man die Regalbretter erhöht oder absenkt, kommt die Beleuchtung auf den idealen Abstand. Höhenverstellbare Arbeitsböcke funktionieren auch gut.

Wenn man eine fest installierte Leuchte hat, kann man auch die Saatkiste erhöhen und absenken. Stellen

SO WIRD'S GEMACHT – PIKIEREN

- Füllen Sie viele saubere Töpfe mit neuer Pflanzerde. Die Töpfe sollten frei von alter Erde sein, die Schädlinge vom Vorjahr enthalten kann. Füllen Sie die Töpfe bis zum Rand, drücken Sie die Erde so herunter, dass die Töpfe halbvoll sind, und füllen Sie sie wieder bis zum Rand auf. Die Erde darf nicht zu fest zusammengedrückt werden. Sie soll später beim Auspflanzen wie ein Klumpen zusammenhängen, aber nicht so kompakt sein, dass die Wurzeln im Wachstum behindert werden. Wenn man gießt, sinkt die Erde noch etwas zusammen, sie wird nach dem Pflanzen also sowieso nicht mehr bis zum Rand reichen. Stellen Sie die Töpfe auf eine ebene Fläche, am besten auf Plastiktabletts, sodass man sie leicht umstellen kann.

- Lösen Sie die Pflanzen aus der Saatkiste. Die Erde sollte nicht völlig trocken, aber auch nicht richtig nass sein, sondern nur feucht. Ist sie trocken, sollte man sie wässern und einen Tag mit dem Umpflanzen warten. Lösen Sie die ganze Erde von unten, ziehen Sie nie an der Pflanze selbst. Schieben Sie die Finger, einen Pfannenwender, ein Buttermesser oder ein breites Holzplättchen unter die Erde bis zum Boden der Kiste/des Topfes (1). Heben Sie damit einen ganzen Klumpen mit Erde und Pflanzen heraus und legen Sie ihn neben die Kiste.

- Brechen Sie den Erdklumpen vorsichtig auf, indem Sie die Erde auseinander ziehen, nicht an der Pflanze (2). Die Pflanzen werden zur Seite fallen, frei vom großen Klumpen, und leicht zu lösen sein.

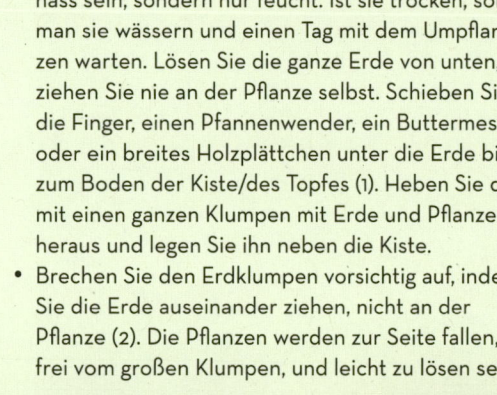

1. Lösen Sie die Erde von unten mit den Fingern oder einem Käsehobel, Pfannenwender oder Ähnlichem.

2. Brechen Sie die Erdklumpen vorsichtig seitlich auseinander.

4. Halten Sie die Pflanze an einem der ersten (Keim-)Blätter.

5. Man vergisst schnell, was hier wächst: Beschriften Sie Etiketten.

- Nehmen Sie die Pflanze an einem der beiden Keimblätter, das heißt einem der ersten Blätter, die herausgekommen sind, nicht am Stängel (4). Heben Sie sie mit der linken Hand hoch, wenn Sie Rechtshänder sind. Mit der rechten Hand machen Sie ein tiefes Loch in die Erde im Topf. Das Loch macht man mit einem Finger, einem Stift oder einem speziellen Stäbchen, dem Pikierstab (3). Das Loch soll bis zum Boden gehen, und darin sollen die Pflanzenwurzeln herunter hängen. Mit der rechten Hand ein bisschen Erde zur Pflanze hin stoßen. Wenn die Pflanze im Loch sitzt, drückt man mit den Fingern beider Hände die Erde zusammen, sodass sie sich um die Wurzeln schließt.

- Die Pflanze wird normalerweise tiefer gesetzt, als sie in der Saatkiste stand, damit sie nicht lang und instabil wird. Alle Wurzeln und ein Teil des Stängels sollen ins Loch. Es ist wichtig, dass sich die Erde um die Wurzeln schließt, sodass sie richtig Kontakt bekommen.
- Wenn das Loch nicht tief genug ist, das heißt wenn die Wurzeln sehr lang sind, sollten sie etwas abgeschnitten werden. Wenn man von vornherein in flachen Saatkisten gesät hat, bleiben die Wurzeln kurz.
- Schreiben Sie Etiketten für die Pflänzchen, um sie unterscheiden zu können (5).
- Stellen Sie die bepflanzten Töpfe auf ein Tablett und lassen Sie sie von unten Wasser saugen (6).

3. Lösen Sie eine Pflanze und machen Sie ein Loch in den neuen Topf.

6. Wässern Sie die Pflanzen von unten.

DAS MINITREIBHAUS

Wenn man ein Minitreibhaus hat, können die neu bepflanzten Töpfe ein paar Tage darin stehen, bis die Pflänzchen sich akklimatisiert haben. Stellen Sie die Töpfe möglichst hell und etwas kühler auf, so bei 15–16 °C. Je wärmer es ist, desto mehr strecken sich die Pflanzen, werden lang und dünn. Die Zimmertemperatur von 22–24 °C ist zu warm für die kleinen Pflanzen.

Man kann sie ins Gewächshaus, in den Wintergarten oder auf einen verglasten Balkon stellen, solange man dafür sorgt, dass es nie zu kalt wird. Wenn es etwas zu kalt ist, tagsüber vielleicht nur 5–7 °C und nachts knapp über 0 °C, wachsen die Pflanzen nicht, aber es geht ihnen normalerweise nicht schlecht. Warten Sie aber mit dem Herausstellen, bis es im Gewächshaus tagsüber etwa 15 °C hat. Lesen Sie regelmäßig das Minimum-Maximum-Thermometer ab (ein Muss in einem Gewächshaus, in dem man etwas anbauen will).

Wenn die Pflanzen aufgrund des Wetters weiterhin drinnen stehen müssen, kann man eine Zusatzbeleuchtung aufstellen, damit die Pflanzen nicht in die Höhe schießen (vergeilen). Normale Leuchtstoffröhren mit kaltweißem Licht oder LED-Lampen eignen sich gut.

DÜNGER IM WASSER

Mischen Sie 1 Milliliter Topfpflanzendünger mit 1 Liter Wasser und gießen Sie jedes Mal damit. Die Pflanzen, die viel wachsen und viele Nährstoffe brauchen, trinken mehr und bekommen somit automatisch mehr Nährstoffe. Diejenigen, die schlecht wachsen, trocknen nicht so schnell aus und bekommen weniger Nährstoffe, weil sie weniger gegossen werden. Diese Mischung eignet sich für alle Pflanzen außer Orchideen.

Eine 10-Liter-Gießkanne kann schwer zu heben sein und hat einen groben Strahl. Messen Sie mit einem Messbecher, wie viel eine für Sie geeignet schwere Gießkanne mit schmaler Tülle fasst, um zu wissen, wie viel Dünger Sie hineingeben müssen.

Sie sie auf Kisten in verschiedenen Höhen, um die beste Lage zu erreichen.

Es ist von Vorteil, wenn die Saatschalen oder -töpfchen auf Tabletts mit Rand stehen, sodass kein Wasser ausläuft. Es gibt spezielle Saatkisten mit Löchern im Boden, von denen immer zwei auf ein größeres gemeinsames Tablett passen. Sie können auch in Minitreibhäuser mit dichtem Boden gestellt werden.

Eine Leuchte mit 2 x 11 W oder 2 x 18 W reicht für viele Pflanzen aus, wenn man in mehreren Durchgängen sät und die Fensterbänke nutzt. Die Lampen sollten zur Unterstützung des Tageslichts 12 bis 14 Stunden am Tag eingeschaltet sein. Nehmen Sie die Schutzhauben der Leuchtstoffröhren ab, sie stehlen nur Licht, und schließen Sie eventuell einen Timer an.

Da sich immer mehr Hobbygärtner mit dem Anbau im eigenen Haus befassen, werden dafür auch immer mehr Hilfsmittel produziert. Es gibt kleine Leuchten und Gestelle mit Leuchtstoffröhren an Ketten für Fensterbänke, und sogar Saatkisten in der richtigen Größe als Zubehör.

Professionelle Gartenbauer nehmen mehr und mehr LED-Systeme als zusätzliche Lichtquelle für ihre Pflanzen, es gibt natürlich LED-Lampen auch für Freizeitgärtner in mehreren Ausführungen. Alle Lampen sollten jedoch in den hellen Tagesstunden ein- und nachts ausgeschaltet werden.

Die richtige Temperatur

Wenn die Saat gekeimt ist, sollte sie eine Weile in der Saatkiste weiterwachsen. Wenn man eine Temperatur um 16 bis 18 °C halten kann, geht es den meisten Pflanzen gut. Wie lange sie in der Saatkiste bleiben sollen, hängt von der Pflanzenart ab, von 1 bis 5 Wochen ist alles möglich.

Die Pflanzen in der Saatkiste sollten je zwei entwickelte Keimblätter haben, das sind die allerersten etwas rundlichen Blätter, die aus dem Samen kommen. Anschließend folgen zwei weitere Blätter, die etwas anders aussehen und typisch für die jeweilige Pflanzenart sind. Nicht alle Pflanzen haben zwei Keimblätter, aber die meisten Gartenpflanzen sind zweikeimblättrig. Zwiebelpflanzen, Lilien und Gräser haben nur ein langes, schmales Keimblatt, das aussieht wie ein Grashalm. Dann ist es Zeit fürs Umpflanzen, das auch Pikieren genannt wird.

WASSER UND DÜNGER

Ein paar Wochen lang kommen die Pflänzchen mit dem Dünger aus der Pflanzerde gut zurecht. Wenn man eine billige Erde gekauft hat, muss man damit rechnen, nach ein paar Wochen mit einer schwachen Blumendüngerlösung zu gießen. Bessere Erde beinhaltet mehr Nährstoffe. Der Nährstoffbedarf hängt aber natürlich auch von der Pflanzenart ab.

Wenn die Pflanzen nach 3 bis 4 Wochen in die Gewächshauserde oder ins Beet ausgepflanzt werden, ist wahrscheinlich kein zusätzlicher Dünger nötig. Wenn sie länger im Topf stehen sollen oder wenn es sehr wuchsfreudige Pflanzen wie Dufttabak, Engelstrompete oder aufrechte Tagetes sind, muss man nach 3 bis 4 Wochen düngen.

Man kann den Pflanzen meist ganz gut ansehen, wenn sie zu wenig Nährstoffe bekommen: Sie werden oben etwas heller grün oder gelblich. Das kann allerdings auch an Trockenheit oder plötzlicher Kälte liegen. Ist man hier im Zweifel, kann man etwas flüssigen Topfpflanzendünger in hoher Verdünnung geben und sehen, ob die Pflanzen nach 2 bis 3 Tagen wieder grüner aussehen. Zum Vergleich können Sie auch Fotoaufnahmen machen, am besten unter möglichst identischen Lichtbedingungen.

Schneiden Sie die kleine Spitze über einem Blatt ab, dann kommen zwei neue Triebe und die Pflanze wird buschiger.

Regelmäßig gießen

Gießen Sie die Pflanzen sparsam, aber lassen Sie sie nicht völlig austrocknen. Wenn sie „den Kopf hängen lassen", haben sie zu wenig Wasser. Der Wasserdruck hält die Pflanzen aufrecht und gibt den Blättern Spannkraft. Schlaffen Pflanzen gibt man zuerst normales Wasser, bis sie wieder aufgerichtet sind, und dann Wasser mit Nährstoffen. Wenn Pflanzen herunterhängen, wachsen sie überhaupt nicht.

Es ist aber wichtig, dass die Erdoberfläche zwischendurch auch etwas antrocknen darf. Ständige Feuchtigkeit bewirkt, dass sich Insekten wie Trauermücken ausbreiten. Die Erde sollte aber nicht staubtrocken werden, sodass die Pflanzen unnötig schlaff werden.

Verschiedene Pflanzen brauchen unterschiedlich viel Wasser, man muss also immer mal wieder mit dem Finger in der Topferde kontrollieren. Manche Pflanzen werden auch lang und instabil, wenn sie zu viel Wasser bekommen. Gurken, fleißige Lieschen und Melonen brauchen zum Beispiel reichlich Wasser, während Tomaten und Geranien eine sparsamere Bewässerung bevorzugen.

Während der Vorkultur kann man noch keine automatische Tropfbewässerung verwenden, aber man kann von unten bewässern. Am üblichsten ist das gleiche Bewässerungssystem, das Profigärtner verwenden: Tische mit Rändern werden mit Filzmatten bedeckt. Die Tische können wie große Plastiktabletts mit nach oben gebogenem Rand sein, aber es sind auch Rinnen aus Plastik üblich, in denen die Pflanzen in einzelnen Reihen stehen. Auf die Filzmatten tropft das Wasser automatisch oder man gießt selbst manuell nach. Die Pflanzen in den unten gelochten Töpfen saugen das Wasser aus der Filzmatte, die die Feuchtigkeit lange Zeit hält. Es gibt auch Systeme, in denen die Filzmatte wie ein Docht fungiert, der das Wasser aus einem Vorratsbehälter saugt.

Beide Lösungen erfordern jedoch, dass man regelmäßig nach den Pflanzen sieht. Am Rand stehende Pflanzen trocknen oft schneller aus als andere, manche stehen im Luftzug, andere in der Sonne, wieder andere können zu feucht werden.

Dünnes weißes Gartenvlies kann verwendet werden, um junge Pflanzen gegen Nachtkälte und starke Sonne zu schützen, wenn sie ins Gewächshaus hinausgestellt werden.

Viele kleine, dünne Pflänzchen auf dem Weg ins Gewächshaus, wo sie durch das viele Licht stabiler und grüner werden. Aber sie müssen vor starker Sonne geschützt werden.

Pflanzen auf dem Weg vom Gewächshaus in den Garten. Sie werden unter Gartenvlies und Plastikfolie vor Nachtkälte und starker Sonne geschützt.

VEREINZELN UND PINZIEREN

Wenn die Pflanzen ins Gewächshaus ausgesetzt werden, sind es noch kleine Pflanzen in großen Töpfen. Die Töpfe werden dicht zusammengestellt und gegen Kälte geschützt. Sobald die Pflanzen zu wachsen beginnen und es wärmer wird, sollten sie auseinandergestellt, also **vereinzelt** werden. Man vereinzelt sie, damit sie Platz und mehr Licht haben, so dass sie sich verstärkt zur Seite ausbreiten (siehe Seite 32). Wenn sie zu dicht stehen, haben sie nur Platz nach oben zu

wachsen, sie werden lang und instabil. Der Zwischenraum zwischen den Pflanzen sollte in etwa der Größe der Töpfe entsprechen. Wenn man fertig ist, sieht das aus wie ein Schachbrett mit leeren und vollen Feldern. Je größer die Pflanzen werden, desto weiter werden sie auseinandergestellt. Auf diese Weise bekommen sie eine buschige Form. Manche sehr große Pflanzen vereinzelt man noch mehr, zum Beispiel Ziertabak, aufrechte Tagetes, Tomaten und Gurken.

Damit die Pflanzen eine buschige Form bekommen, kann man auch die Züchtermethode anwenden, etwas mit dem Wasser zu geizen. Die Pflanzen trocknen zwischen den Wässerungen etwas aus, sodass sie nicht so viel wachsen. Entscheidend ist dabei die Temperatur. Ist es zu warm, wachsen die Pflanzen zu schnell. Deshalb sollte man versuchen, sie bei 15–16 °C zu halten.

Ein wichtiger Kniff beim Anbau ist das **Pinzieren**. Pinziert man eine Pflanze, schneidet man also den kleinen Trieb an der Spitze ab, bildet die Pflanze meist zwei neue Triebe. Auf diese Weise wird sie buschiger. Wenn man den obersten Trieb während des Anbaus ein paarmal abzwickt, wird die Pflanze richtig schön. Bei manchen Zierpflanzen kann das Pinzieren allerdings die Blütenbildung verzögern, zum Beispiel bei aus Samen gezogenen Geranien.

Manche Pflanzen wie kleinblütige Tagetes bekommen sehr früh Blütenknospen. Wenn man die Blütenknospen abzwickt, wächst die Pflanze besser und wird buschiger. Eine drei Zentimeter kleine blühende Fuchsie ist nicht schön, und sie wächst schlecht. Wenn die Pflanzen zu blühen beginnen, wird das Wachstum von Trieben und Blättern in der Regel reduziert, die Energie geht stattdessen in die Blüten. Welche Pflanzen pinziert werden sollen, sollte auf dem Samentütchen stehen. Pflanzen wie Basilikum, Petunien, Großfiedrige Dahlien, Verbenen und Sommerphlox sollten pinziert werden. Auch wenn die Blütezeit sich dadurch etwas verzögert, werden die Pflanzen dann viel schöner.

Rechts: Vorkultivierte ausgesäte Pflanzen in unterschiedlichen Stadien. Gurken, die im Gewächshaus bleiben sollen, stehen auf dem Boden, wo sie eingepflanzt werden sollen, große Tomaten ebenso. Petunien, Ziertabak und Duftwicke auf dem Weg in die Gartentöpfe. Chili und Paprika, die Wärme brauchen, müssen noch eine Weile drinnen bleiben, bis sie nach draußen versetzt werden, genau wie Basilikum.

ABHÄRTUNG IM GEWÄCHSHAUS

Wenn man Pflanzen im Haus aussät und vorzieht, bekommen sie nur begrenzt Licht. Wenn man sie ins Gewächshaus hinaus stellt, ist es tagsüber heller und nachts kühler, manchmal viel kühler. Daran müssen die Pflanzen sich erst gewöhnen. Wenn Sämlinge oder Pflanzen vom Zimmerklima ins Gewächshausklima gestellt werden, ist also eine Abhärtung oder Anpassung erforderlich. Dasselbe wiederholt sich, wenn sie vom Gewächshaus in den Garten gestellt werden.

Die beste Gelegenheit, eine Pflanze ins Gewächshaus umzustellen, ist ein wolkiger, aber doch recht warmer Tag. Die Pflanzen, die ins Gewächshaus gestellt werden, müssen während der ersten Tage im Schatten stehen. Die Sonne ist verglichen mit dem milden Licht im Haus zu stark. Man kann zum Beispiel ein dünnes Gartenvlies als Schutz darüber hängen. Gartenvlies ist leicht, es kann vorübergehend über Regale gehängt werden oder als Dauerlösung zum Zuziehen an Leinen befestigt werden. Es schützt auch vor Nachtkälte.

Der Deckel eines Minitreibhauses schützt auch vor Nachtkälte. Man kann als Sonnenschutz zusätzlich ein dünnes Gartenvlies über den Deckel legen.

Abhärten und Auspflanzen

Wenn man Pflanzen selbst aussät und pflanzt, ist die Abhärtung sehr wichtig für ein gutes Endresultat. Nachdem die Pflanzen groß genug sind, um ausgepflanzt zu werden, muss man damit rechnen, dass es mindestens eine Woche dauert sie abzuhärten, bis sie sich an das Leben draußen angepasst haben.

Pflanzen, die im Gewächshaus gestanden haben, hatten es schön feucht, warm und geschützt. Wenn sie nach draußen gesetzt werden, muss man sie vor der starken Sonne schützen. Ein bedeckter, warmer und windstiller Tag ist am besten für sie. Am besten sollten die Pflanzen windgeschützt stehen, denn auch Wind ist zunächst ungewohnt, die Pflanzen trocknen aus und die Blätter gehen kaputt.

Nach und nach gewöhnen sich die Pflanzen an die Sonne, aber sie sollten in den ersten Tagen draußen mit einem Gartenvlies geschützt werden. Allmählich werden dann die Blätter fester, sie halten Sonne und Wind stand. Manche sonnenliebenden Pflanzen wie Geranien bekommen zum Beispiel viel dunklere Blätter, wenn sie in der Sonne stehen, aber wenn man sie von drinnen direkt in die volle Sonnenstrahlung stellt, halten sie die Umstellung nicht aus. Sie erleiden Verbrennungen, genau wie Menschen, die einen Sonnenbrand bekommen.

Die Pflanzen müssen sich auch schrittweise an die niedrigeren Temperaturen gewöhnen. Man stellt sie dazu anfangs tagsüber hinaus und nachts wieder herein. In warmen Nächten können sie draußen stehen bleiben. In den ersten Nächten draußen kann man die Pflanzen auch geschützt an eine Wand stellen und sie mit einem leichten Gartenvlies zudecken. Kommt ein Kälteeinbruch, eine Frostnacht oder die Eisheiligen, stellt man alle Pflanzen hinein, auch die, die vorher nachts schon draußen standen.

Thermometer und Wetterdienste sind verlässliche Hilfsmittel, sie informieren darüber, wenn die Temperatur sinken wird und wie kalt es nachts wird. Klaren, warmen Tagen folgen oft kalte Nächte, vor allem kurz vor Vollmond. Bewölkte Tage mit bewölkten Nächten sind meist wärmer, weil die Wolken die Wärme in der Atmosphäre am Entweichen hindern.

Wenn man ungeduldig ist und alle Pflanzen ohne Abhärtung auf einen Schlag hinausstellt, kann das natürlich auch gut gehen. Das Risiko ist aber sehr groß, dass die Pflanzen in der Entwicklung stehen bleiben und ein paar Wochen lang nicht wachsen. Wenn sie sich dann eingewöhnt haben, kommen sie wieder in Gang. Vermutlich werden die ersten Blätter auch gelb. Manche Pflanzen wie Gurken, fleißige Lieschen, Bohnen, Prunkwinden und andere Pflanzen mit großen, dünnen Blättern sind da empfindlicher. Tagetes und Kohl sind dagegen robuster und kommen mit plötzlichen Umstellungen oft recht gut zurecht.

SOMMERBLUMEN ZUM AUSPFLANZEN

Es gibt Unmengen an Sommerblumen in allen Farben und Formen, die man in Gartenbeete und Töpfe setzen kann und die unglaublich viel Freude machen. Außerdem sind sie ein billiges Vergnügen, der Samen ist nicht teuer und man kann verschwenderisch anpflanzen.

„Sommerblumen" ist ein Sammelbegriff für normalerweise einjährige Zierpflanzen, aber es können auch mehrjährige, Knollenpflanzen oder Halbsträucher sein, die den Garten im Sommer schmücken sollen. Die meisten Sommerblumen vertragen keinen Frost, wenn es zu kalt wird, hören sie auf zu blühen. Der Vorteil am Vorziehen ist, dass sie früher und länger blühen. Außerdem hat man ein fantastisches Angebot an Sorten, die es nicht als Jungpflanzen im Handel gibt.

Das Interesse für das Ziehen eigener Sommerblumen wächst. Der Kauf übers Internet ist für Samen perfekt, sie lassen sich gut transportieren und wiegen kaum etwas. Das Angebot an Sorten ist groß, aber man sollte nicht alles glauben, was über die teuren Neuheiten im Samenkatalog steht, hier wird gern übertrieben.

Verschiedene Gruppen

Sommerblumen können in Gruppen eingeteilt werden. Es gibt Arten, die vegetativ vermehrt werden müssen, das heißt mit Stecklingen, Knollen, Wurzeln oder durch Teilung, andere, die sowohl durch Samen als auch durch Stecklinge vermehrt werden können, und solche, die nur durch Samen vermehrt werden.

Außer der Art der Vermehrung unterscheidet sich auch die Vorziehzeit. Viele der traditionellen Pflanzen zum Auspflanzen erfordern eine ziemlich lange Vorkultur. Petunien, Sommerphlox, Nelken und Salbei lassen sich viel Zeit, während Tagetes bedeutend schneller sind. Dank der Vorkultur im Gewächshaus kann man normale Blumen auch früher zum Blühen bringen, die dann die Rabatten verschönern. Man kann auch ungewöhnliche Pflanzen ausprobieren und einzigartige Kompositionen schaffen. Beim Vorziehen bekommt man aus einem einzigen Samentütchen viele Pflanzen. Dadurch kann man im Garten verschwenderisch mit ihnen umgehen und Blumen in Töpfe und Rabatten setzten, wo man sonst nur schwer etwas zum Wachsen bringt. Es ist auch ein billiges Vergnügen, man bekommen unglaublich viele Blumen für sein Geld.

Dank eigener Vorzucht kann man verschwenderisch Blumen pflanzen, eigene Kombinationen schaffen und etwas herumexperimentieren. Wenn es nicht gut wird, versucht man im nächsten Jahr etwas anderes.

Saat und frisch pikierte Pflanzen können ein paar Wochen drinnen stehen, bevor sie mehr Licht und nicht zuletzt mehr Platz brauchen.

Früher Anbaubeginn in der Küche. Minitreibhäuser können viele Jahre lang verwendet werden, und es gibt passende Saatkisten in geeigneter Größe.

Früher Frühling

In einem Hobbygewächshaus hat man normalerweise nicht viel Heizung und Beleuchtung. Das bedeutet, dass man nicht alle Arten von Pflanzen anbauen kann. Man kann einen Teil zum Säen und Vorziehen auswählen und andere als Pflanzen kaufen. Wenn man Löwenmäuler, Gauklerblumen und Trompetenzungen pflanzt, hat man schon eine große Farbpalette zur Auswahl.

Das Schwierigste am Vorziehen ist zu wissen, wann man anfangen soll. Der richtige Zeitpunkt hängt in erster Linie davon ab, wann man die Pflanzen nach draußen setzen möchte. Man muss rückwärts rechnen.

Das Tageslicht ist auch von großer Bedeutung. Wenn man im Februar sät, kann es 15 Wochen dauern, bis eine Petunie groß genug ist. Sät man dagegen im April, dauert es vielleicht nur 8 Wochen. Je später man sät, desto heller und wärmer ist es und desto schneller geht es.

Wie groß die Pflanzen zum Zeitpunkt des Auspflanzens sein sollen, beeinflusst den Saatzeitpunkt ebenfalls. Am besten ist es, wenn die Pflanzen beim Auspflanzen schon etwas größer sind, aber noch nicht blühen. Gut beblätterte Pflanzen schlagen schneller Wurzeln und passen sich leichter an den Standort an. Eine blühende Pflanze kann durch den Schock, nachdem sie aus dem Gewächshaus nach draußen gesetzt wurde, im Wachstum stehenbleiben. Das kann zur Folge haben, dass sie eine Weile zu blühen aufhört, sodass eine anfangs nur beblätterte Pflanze sie im Endeffekt einholt und schneller zu blühen beginnt.

Wie geht man vor?

Beim Säen und Pikieren gibt es keinen Unterschied zwischen Blumen und Gemüse. Was am meisten variiert, sind die Anbauzeit und die Größe der Töpfe, in die

die Pflanzen beim Umpflanzen gesetzt werden. Manche Pflanzen müssen auch pinziert (siehe Seite 36) werden, um buschig zu werden. Bei Gemüsepflanzen ist das nur selten nötig.

Alle Informationen über spezielle Anforderungen zu Aussaat und Anzucht stehen bei seriösen Firmen auf dem Samentütchen. Die meisten Pflanzen sind jedoch nicht schwierig und können nach der folgenden Beschreibung gesät werden. Die Details zu Erde, Wasser und Dünger werden im Abschnitt über Vorkultur beschrieben (siehe Seite 28). Dort gibt es auch exakte Anleitungen, wie man sät und wie man die Pflanzen in Töpfe umsetzt.

Am besten ist es, im Haus zu säen. Samen brauchen – mit wenigen Ausnahmen – Wärme zum Keimen und Wachsen. Eine Zimmertemperatur von 20–25 °C ist gut, stellen Sie die Saat in ein helles Fenster. Sie braucht nicht mehr Licht, bevor sie zu keimen beginnt.

Keimlinge sollten dann eventuell ins Gewächshaus gestellt werden. Das bedeutet in manchen Fällen, dass die Saat 2–4 Wochen drinnen steht, bevor sie hinaus kommt. Wann man säen kann, hängt davon ab, wann man die Keimlinge ins Gewächshaus stellen kann, was wiederum vom Wetter abhängt. Ein Heizlüfter im Gewächshaus kann gerade im Frühjahr dazu beitragen, dass sie früher hinausgestellt werden können.

Manche Pflanzen sind **Lichtkeimer**, zum Beispiel Lobelien, Begonien und Löwenmaul. Das heißt, dass man die Samen nicht mit Erde bedecken darf. Damit die Saat feucht gehalten wird, muss man sie mit Plastikfolie oder Glas abdecken oder ein Minitreibhaus verwenden. Andere Pflanzensamen brauchen **totale Dunkelheit** zum Keimen, wieder andere brauchen Tageslichtlängen von mindestens 12 Stunden.

Andere Saat muss zunächst **gekühlt** werden, damit der Samen keimt. Es gibt biologisch verankerte „Sperren" in manchen Samen, die verhindern sollen, dass eine Pflanze schon vor dem Ende des kalten Winters keimt und dann erfriert.

Auswahl

Das Lesen von Samenkatalogen ist das große Vergnügen des Winters. Bestellen Sie die Samen für Sommerblumen frühzeitig, man sollte sie schon im Februar zu Hause haben. Wenn man die Pflanzen ausgewählt hat,

die man vorziehen will, plant man für jede einzelne, wann es Zeit ist, sie zu säen. Es ist gut, nach und nach zu säen, damit man nicht alles gleichzeitig in der Mache hat. Die Saat selbst braucht nicht viel Platz, aber später müssen die Pflanzen in eigene Töpfe gesetzt werden, und dann wird es eng. Man kann die **Samentütchen in drei Gruppen aufteilen:**

1. Pflanzen, die eine lange Vorkultur und viel Licht brauchen, um zu blühen, 12–16 Wochen sind nicht ungewöhnlich.
2. Pflanzen, die eine kürzere Vorkultur von 6–10 Wochen brauchen und normalerweise leichter gelingen.
3. Pflanzen, die direkt gesät werden können, aber bei einer kurzen Vorkultur früher und besser blühen.

Manche Pflanzen müssen durch Stecklinge vermehrt werden. Das sind bestimmte Arten von Fuchsien und Geranien, viele Prachtpetunien, Zwergpetunien, Blaue Fächerblumen, Margeriten und Knollenwinden, die man als kleine oder große Pflanzen kaufen muss.

TABELLE – SOMMERBLUMEN

Die folgenden Seiten sind als Hilfe zur Planung und als Vorschlag für Pflanzen gedacht, die zur Vorkultur geeignet sind. Die **Namen der Pflanzen** werden in alphabetischer Reihenfolge der lateinischen Namen angegeben sowie die Zeit, die sie zum Keimen brauchen.

Die **Keimtemperatur** sollte auf dem Samentütchen stehen, normal sind 20-25 °C. Die meisten Sommerblumen werden im März-April gesät, einige wenige früher im Januar-Februar.

Die Anbauzeit in der Tabelle ist die Zeit von der Saat bis zum Auspflanzen. Das heißt nicht, dass sie dann blühen, das kann je nach Art noch mehrere Monate dauern. Je nach Wetter kann man sie etwas früher als auch später auspflanzen.

Die gewünschte **Anbautemperatur** ist angegeben, aber man darf Kompromisse machen. Den meisten geht es bei 15-18 °C gut. Je kälter und dunkler die Pflanzen stehen, desto länger brauchen sie. Wenn die Pflanzen klein sind, macht das nichts, sie werden schnell größer, wenn man sie hinaussetzt.

VORKULTUR VON SOMMERBLUMEN

Pflanzen, die mit einem Sternchen * markiert sind, können direkt ins Beet gesät werden.

PFLANZENNAME deutsch, lateinisch	Ausaat	Keimzeit in Wochen	Anbauzeit in Tagen	Anbau-temp.
Schönmalve, *Abutilon × hybridum*	Feb	1	14–16	18–21 °C
Jambú, *Acmella oleracea*	März	1	12–14	18–24 °C
Duftnessel, *Agastache*	März–April	3	10–12	15–18 °C
Leberbalsam, *Ageratum houstonianum*	März–April	1–2	10–12	15–18 °C
Papageienblatt, *Alternanthera ficoidea*	März–April	0–1	10–12	18–20 °C
Amarant, Fuchsschwanz, *Amaranthus**	März–April	2	9–10	20–24 °C
Sommervergissmeinnicht, *Anchusa capensis**	März–April	1–2	9–10	15–18 °C
Angelonia, *Angelonia angustifolia*	Feb–April	1	14–16	20–24 °C
Großes Löwenmaul, *Antirrhinum majus**	März–April	1–2	10	12–15 °C
Sommerzypresse, *Bassia scoparia*	März	1–2	9–12	15–18 °C
Eisbegonie, *Begonia × semperflorens*	Feb–März	2–3	12–14	18–20 °C
Drachenflügelbegonie, *Begonia ‚Dragon Wing'*	Feb	2–3	14–22	18–20 °C
Knollenbegonie, *Begonia × tuberhybrida*	Jan	2–3	20–22	18–20 °C
Zweizahn, *Bidens triplinervia*	März	1–2	12–14	15–18 °C
Blaues Gänseblümchen, *Brachyscome iberidifolia*	März–April	1–2	9–10	15–18 °C
Gemüsekohl, *Brassica oleracea** spätere Saat für Herbstpflanzen	April	0–1	10–12	12–15 °C
Sommeraster, *Callistephus chinensis**	März–April	1–2	12–16	15–18 °C
Canna, *Canna ‚Tropical'*	Feb	2–3	16–20	18–20 °C
Silber-Brandschopf, *Celosia argentea*	März	1–2	10–12	18–20 °C
Spinnenblume, *Cleome hassleriana**	März	1–2	10–12	15–18 °C
Glockenrebe, *Cobaea scandens*	März–April	2–3	10	15–18 °C
Gartenrittersporn, *Consolida ajacis**	März	2–3	9–10	15–18 °C
Großblumiges Mädchenauge, *Coreopsis grandiflora*	Feb–März	1–2	12–16	15–18 °C
Färber-Mädchenauge, *Coreopsis tinctoria**	März–April	2	10–12	15–18 °C
Schmuckkörbchen, *Cosmos bipinnatus**	April–Mai	1–2	10–12	15–18 °C
Gelbe Kosmee, *Cosmos sulphureus**	April–Mai	1–2	8–10	15–18 °C
Köcherblümchen, *Cuphea*	März	1–2	10–12	15–18 °C
Großfiedrige Dahlie, *Dahlia × pinnata*	Feb–April	1–2	12–14	15–18 °C
Indischer Stechapfel, *Datura metel*	Jan–März	1–2	10–20	15–18 °C
Bartnelke, *Dianthus barbatus*	März	1–2	12–14	15–18 °C
Landnelke, *Dianthus caryophyllus*	Feb–März	1	12–16	15–18 °C
Chinesische Nelke, *Dianthus chinensis*	März	1–2	12–14	13–15 °C
Elfensporn, *Diascia*	Feb–März	1	10–16	15–18 °C
Silberregen, *Dichondra argentea*	Feb–April	1	12–14	20–24 °C
Fingerhut, *Digitalis*, einjährig	Feb–März	1–2	12–14	15–18 °C
Mittagsblume, *Dorotheantus*	März	1–2	10–14	15–18 °C
Schönranke, *Eccremocarpus scaber*	März–April	2	8–10	15–18 °C
Spanisches Gänseblümchen, *Erigeron karvinskianus*	März	1	12–14	15–18 °C
Goldlack, *Erysimum*, einjährig	März	1	11–12	13–18 °C
Eukalyptus, *Eucalyptus*	Jan–Feb	2–3	20–22	15–18 °C
Zauberschnee, *Euphorbia graminea*	März	1	12–14	18–20 °C

Zwei beliebte Blumen sind Gewürztagetes und Blaues Gänseblümchen, beide leicht vorzuziehen.

PFLANZENNAME deutsch, lateinisch	Ausaat	Keimzeit in Wochen	Anbauzeit in Tagen	Anbau- temp.
Kapaster, *Felicia heterophylla*	März	2–3	10–12	15–18 °C
Fenchel, *Foeniculum vulgare**	März–April	2	10–12	10–15 °C
Fuchsie, *Fuchsia × hybrida*, mehrjährig	Feb	2	20–22	18–20 °C
Kokardenblume, *Gaillardia*	März	2–3	12–15	15–18 °C
Prachtkerze, *Gaura lindheimeri*	März	1–2	12–14	15–18 °C
Gazanie, *Gazania*	Feb–März	2–3	12–16	15–18 °C
Mauer-Gipskraut, *Gypsophila muralis*	März	0–1	10–12	15–18 °C
Sonnenbraut, *Helenium amarum*	März	0–1	10–12	20–24 °C
Sonnenblume, *Helianthus annuus**	April	2	6–10	15–18 °C
Strohblume, *Helichrysum*	Feb–März	3	12–14	18–24 °C
Heliotrop, *Heliotropium arborescens*	März	2–4	12–15	15–18 °C
Roter Hibiskus, *Hibiscus acetosella*	Feb–März	1–2	12–14	18–20 °C
Riesenhibiskus, *Hibiscus Moscheutos-Gr.*	Jan–Feb	1–2	14–16	21–24 °C
Japanischer Hopfen, *Humulus japonicus**	April	2	6–10	15–18 °C
Schleifenblume, *Iberis umbellata**	April	1	8–10	15–18 °C
Neu-Guinea-Impatiens, *Impatiens hawkeri*	Feb–März	1–3	12–14	20–24 °C
Fleißiges Lieschen, *Impatiens walleriana*	März–April	1–3	10–12	15–18 °C
Sternwinde, *Ipomoea lobata*	Feb–März	1–3	12–14	18–20 °C
Federwinde, *Ipomoea quamoclit*	März–April	2	12–14	18–20 °C
Himmelblaue Prunkwinde, *Ipomoea tricolor*	März–April	2	12–14	18–20 °C
Iresine, *Iresine herbstii*	März	1	10–12	18–24 °C
Helmbohne, *Lablab purpureus*	März	1–2	10–12	18–20 °C
Duftwicke, *Lathyrus odoratus**	April–Mai	2–3	5–10	15–18 °C
Sternenblume, *Laurentia axillaris*	Jan–Feb	2–3	16–20	15–18 °C
Leinkraut, *Linaria Maroccana-Gruppe**	März–April	1	9–10	15–18 °C
Männertreu, *Lobelia erinus*	März	2–3	7–10	15–18 °C
Prachtlobelie, *Lobelia × speciosa*	Jan–Feb	2–3	16–20	15–18 °C
Duftsteinrich, *Lobularia maritima**	März	1–2	8–10	12–15 °C
Garten-Levkoje, *Matthiola incana*	März	1–2	10–14	10–13 °C
Lophospermum, *Lophospermum*	März–April	1–2	6–10	15–18 °C
Gloxinienwinde, *Maurandya (Asarina)*	März–April	1–2	6–10	15–18 °C
Sumpf-Zwergwucherblume, *Mauranthemum paludosum**	März	1–2	8–11	15 °C
Melampodium, *Melampodium*	Feb–März	1–2	10–12	15–18 °C
Gauklerblume, *Mimulus*	April	1–2	6–10	8–12 °C
Muschelblume, *Moluccella laevis*	März	2–3	8–10	12–15 °C
Sommerveilchen, *Nemesia caerulea*	März	1	10–12	18–20 °C
Elfenspiegel, *Nemesia strumosa**	März	1–2	10–14	10–15 °C
Grüner Ziertabak, *Nicotiana langsdorffii*	März	2–3	10–14	15–18 °C
Ziertabak, *Nicotiana × sanderae*	März	1–2	10–12	15–18 °C
Dufttabak, *Nicotiana sylvestris*	Feb–März	1–2	13–15	15–18 °C
Becherblume, *Nierembergia hippomanica*	März	1–2	12–14	15–18 °C
Kapkörbchen, *Osteospermum*	Feb–März	2	10–14	15–18 °C
Stehende Geranie, *Pelargonium × hortorum*	Jan–Feb	1–2	20–22	15–18 °C
Hängegeranie, *Pelargonium peltatum*	Jan–Feb	1–2	20–22	15–18 °C
Bartfaden, *Penstemon*	Feb–März	2–3	12–18	12–15 °C

Wunderbare Duftwicken in Unmengen von Farben sind als Samen erhältlich, diese heißt ‚Blue Ripple‘.

PFLANZENNAME deutsch, lateinisch	Ausaat	Keimzeit in Wochen	Anbauzeit in Tagen	Anbau- temp.
Perilla, *Perilla frutescens*	März	2	8–12	15–18 °C
Knöpfchen-Knöterich, *Persicaria capitata*	März	2–3	8–12	10–12 °C
Gartenpetunie, *Petunia × hybrida*	März	1–2	10–12	15–18 °C
Minipetunie, *Petunia Fantasy-Sorten*	März–April	1–2	8–10	14–16 °C
Hängepetunie, *Petunia Wave-Sorten*	Feb–März	1–2	12–16	18–24 °C
Sommerphlox, *Phlox drummondii*	März	1–2	10–12	15–18 °C
Silbriger Harfenstrauch, *Plectranthus argentatus*	Feb–März	1–2	14–16	21–24 °C
Buntnessel, *Plectranthus scutellarioides*	März	1–2	10–14	18–20 °C
Portulakröschen, *Portulaca grandiflora*	März	1–2	8–12	15–18 °C
Ptilotus, *Ptilotus nobilis*	Feb–März	1–2	10–12	18–24 °C
Purpurglöckchen, *Rhodochiton*	März–April	1–2	8–12	15–18 °C
Wunderbaum, *Ricinus communis*	März	2–3	10–12	15–18 °C
Rauer Sonnenhut, *Rudbeckia hirta*	März	1–2	12–16	15–18 °C
Trompetenzunge, *Salpiglossis sinuata*	März	1	10–12	12–15 °C
Roter Salbei, *Salvia coccinea*	März–April	1–2	11–13	15–18 °C
Mehliger Salbei, *Salvia farinacea*	März	1–2	11–13	15–18 °C
Enzian-Salbei, *Salvia patens*	Jan–März	1–2	10–13	15–18 °C
Feuersalbei, *Salvia splendens*	März	1–2	10–12	15–18 °C
Schopfsalbei, *Salvia viridis**	März–April	2–3	8–12	15–18 °C
Heiligenkraut, *Santolina chamaecyparissus*	Feb	5–8	15–20	5–10 °C
Husarenknopf, *Sanvitalia procumbens*	März	2	10–14	15–18 °C
Gefiederte Spaltblume, *Schizanthus pinnatus**	März–April	2–3	8–9	15–18 °C
Silberblatt, *Senecio cineraria* spätere Saat für Herbstpflanzen	März	1–2	10–12	15–18 °C
Schneeflockenblume, *Sutera cordata*	März	1–2	14–16	18–20 °C
Aufrechte Tagetes, *Tagetes erecta*	März	1–2	10–11	15–18 °C
Sammetblume, *Tagetes patula*	März–April	1	8–10	15–18 °C
Gewürztagetes, *Tagetes tenuifolia**	März–April	1	8–10	15–18 °C
Erdginseng, *Talinum paniculatum*	Feb–März	1	8–10	12–15 °C
Mutterkraut, *Tanacetum parthenium*	Feb–März	2–3	12–14	15–18 °C
Silbergrauer Rainfarn, *Tanacetum ptarmiciflorum* spätere Saat für Herbstpflanzen	März	1–2	13–15	15–18 °C
Schwarzäugige Susanne, *Thunbergia alata*	März–April	1–2	10–12	15–18 °C
Rundblättrige Thitonie, *Tithonia rotundifolia**	Feb–März	2–3	12–14	15–18 °C
Blaues Halskraut, *Trachelium caeruleum*	März	2	12–18	15–18 °C
Kanarische Kapuzinerkresse, *Tropaeolum peregrinum*	April	1–2	6–10	15–18 °C
Königskerze, *Verbascum*	Feb–März	1	14–16	15–18 °C
Patagonisches Eisenkraut, *Verbena bonariensis*	Jan–Feb	2–5	15–20	15–18 °C
Steifes Eisenkraut, *Verbena rigida*	Feb–März	2–4	12–14	15–18 °C
Lanzen-Eisenkraut, *Verbena hastata*	Jan, schwierig, kann Kälte brauchen			
Rosenverbene, *Glandularia canadensis*	März	2–3	12–14	15–18 °C
Verbene, *Glandularia × hybrida*	Feb–März	2–3	13–15	15–18 °C
Schmalblättrige Zinnie, *Zinnia angustifolia*	März	1–2	8–12	15–18 °C
Zinnie, *Zinnia marylandica*	März	1–2	8–12	15–18 °C
Zinnie, *Zinnia elegans**	März–April	1–2	10–12	15–18 °C

Aufrechte Tagetes ist leicht anzupflanzen, robust und blüht lange. Es gibt sie in verlockenden neuen Sorten wie ‚Carillo‘.

SOMMERBLUMEN IN VERSCHIEDENEN LAGEN

Wenn man Pflanzen selbst vorziehen kann, hat man die Gelegenheit, eine ganze Menge verlockender neuer Pflanzen auszuprobieren. Dabei sollte man die Lage berücksichtigen, in der die Pflanze stehen soll. Die meisten Pflanzen mit vielen Blüten mögen einen ziemlich sonnigen Standort mit viel Erde, Wasser und Nährstoffen. Manche vertragen jedoch auch schwierigere Lagen. In Balkonkästen auf einer nach Süden gewandten Terrasse oder Treppe wird es heiß, trocken und eventuell windig. Dort sollte man Pflanzen wählen, die es vertragen, viele Stunden in der Sonne zu braten. Richtig robust sind Geranie und Elfensporn. Blaues Gänseblümchen, Zweizahn, Husarenknopf und Strohblume sind auch erstaunlich robust und groß gewachsen. In schattigen Lagen wird es nicht ganz so farbenfroh und blütenreich. Sehr schön im Schatten sind Fuchsie, Schneeflockenblume, Neu-Guinea-Impatiens und Begonie. Ziertabak, Lobelie, Stiefmütterchen sowie die meisten Blattpflanzen eignen sich auch recht gut.

Mischen und kombinieren

Pflanzen Sie verschiedene Sorten in große Töpfe. Setzen Sie nicht zu viele Pflanzen in jeden Topf, sie werden im Sommer noch wachsen und sich entwickeln. Lassen Sie die Töpfe noch eine Weile im warmen Gewächshaus stehen. Die Pflanzen wachsen zu einer schönen Einheit zusammen und werden gleichmäßiger in der Größe. Nach etwa einer Woche im großen Topf wachsen sie rasch heran. In den ersten warmen Frühlingstagen wird das Wachstum von der grünen zur blühenden Pflanze innerhalb von wenigen Tagen explodieren. Stellen Sie die schönen Töpfe hinaus und genießen Sie!

Machen Sie Fotos von den Pflanzungen und schreiben Sie sich die Namen der Sorten für die kommenden Jahre auf. Welche waren gut und welche weniger? Es macht Spaß, Blütenfarben, Blattfarben und Wuchsformen zu mischen. Viele Blattpflanzen eignen sich gut als optisch ausgleichendes Füllmaterial in Mischpflanzungen.

Oben: Begonien blühen auch in schattigen Lagen.
Unten: Dreifarbige Winde als Randbepflanzung zusammen mit Sommerphlox und rosafarbener Jungfer im Grünen

BLÜHENDE AMPELPFLANZEN

Leberbalsam, *Ageratum houstonianum*
Eisbegonie, *Begonia × semperflorens*
Knollenbegonie, *Begonia × tuberhybrida*
Zweizahn, *Bidens triplinervia*
Blaues Gänseblümchen, *Brachyscome*
Minipetunie, Million Bells' u.a., *Calibrachoa*
Stern-Glockenblume, *Campanula isophylla*
Kriechende Winde, *Convolvulus sabatius*
Landnelke, *Dianthus caryophyllus*
Chinesische Nelke, *Dianthus chinensis*
Nelken (kälteresistente),
   Dianthus × semperflorens
Elfensporn, *Diascia*
Kapaster, *Felicia heterophylla*
Fuchsie (Hybriden), *Fuchsia × hybrida*
Gazanie, *Gazania*
Verbene, *Glandularia × hybrida*
Neu-Guinea-Impatiens, *Impatiens hawkeri*
Männertreu, *Lobelia erinus*
Duftsteinrich, *Lobularia maritima*
Lophospermum, *Lophospermum × hybridus*
Elfenspiegel, *Nemesia*
Hängegeranie, *Pelargonium peltatum*
Gartenpetunie, *Petunia × hybrida*,
   hängende Sorten
Portulakröschen, *Portulaca grandiflora*
Husarenknopf, *Sanvitalia procumbens*
Schneeflockenblume, *Sutera cordata*
Schwarzäugige Susanne, *Thunbergia alata*
Große Kapuzinerkresse, *Tropaeolum majus*
Kanarische Kapuzinerkresse, *Tropaeolum*
   peregrinum
Wildes Stiefmütterchen, *Viola-tricolor-Gruppe*

BLATTPFLANZEN FÜR AMPELN

Kriechender Günsel, *Ajuga reptans*
Gundermann, *Glechoma*
Gemeiner Efeu, *Hedera helix*
Currykraut, *Helichrysum italicum*
Lakritz-Strohblume, *Helichrysum petiolare*
Knollenwinde, *Ipomoea batatas* in Sorten
Taubnessel, *Lamium*
Kanarischer Hornklee, *Lotus berthelotii*
Pfennigkraut, *Lysimachia nummularia*
Petersilie, *Petroselinum crispum*
Harfensträucher, *Plectranthus*
Sibirische Fetthenne, *Sedum 'Lemon Ball'*
(Ampel-)Tomaten, *Solanum lycopersicum*

Einfach und schön, Männertreu an einem Ast im Apfelbaum

BLUMENAMPELN

Wenn man viele kleine Pflanzen verwendet, wird der Effekt schöner, als wenn man ein paar große in einem Topf hat, das gilt ganz besonders für Blumenampeln.

Für englische „Hanging Baskets" verwendet man kleinere Pflanzen. Ampeln aus Draht oder grobem Netz werden mit gelochter Plastikfolie am Korbboden und mit Moos ausgekleidet. Stellen Sie herkömmliche Balkonblumenerde bereit, die Sie mit etwas Blähton anreichern, damit sie mehr Wasser speichert. Durch die Maschen und Löcher im Plastik- oder Drahtkorb werden von außen nach innen die Wurzeln kleiner (Hänge-)Pflanzen gezogen. Die Ampel wird dabei nach und nach mit Erde gefüllt, und die ganze Außenseite mit wechselnden Pflanzen bepflanzt. Ganz nach oben kann man eine aufrechtere und kräftigere Pflanze wie Knollenbegonie oder Großfiedrige Dahlie setzen. Viele Sorten und Arten zu mischen, ergibt einen tollen Effekt, zum Beispiel Lobelie, Gundermann, Lakritz-Strohblu-me, Schneeflockenblume, Gelbe Kosmee, Kapuziner-

Große Hängepetunie aus Samen, ‚Tidal Wave Cherry' und ‚Pink Velvet'

kresse und Efeu. Ampeln brauchen den ganzen Sommer lang täglich regelmäßige Bewässerung mit Nährstoffen. Nachdem mehrere Pflanzen in einem ziemlich kleinen Korb stecken, sind viel Dünger und Wasser erforderlich, damit sie weiterhin blühen und wachsen können.

Um die schönste Wirkung aus Hanging Baskets herauszuholen, können sie 3–4 Wochen vor dem Heraushängen bepflanzt werden. Nehmen Sie am besten große Körbe, sie sollten 5–10 Liter Erde fassen. Je größer die Ampel, desto schönere Blüten und desto geringer das Austrocknungsrisiko. Verwenden Sie Pflanzen, die im Gewächshaus gerade heranwachsen, und pflanzen Sie sie im Frühling in die Ampel. Lassen Sie die Ampel im Gewächshaus hängen und zu einer Einheit zusammenwachsen.

Lange Blütezeit in der Ampel

Große, prächtige Sommerblumen wie Hängegeranie und Hängepetunie sind sehr populär geworden. Diese kräftigen Pflanzen werden in den meisten Fällen durch Stecklinge vermehrt. Das bedeutet, dass man Pflanzen

kaufen muss. Manche Sorten können aus Samen gezogen werden, aber hier ist das Angebot bedeutend kleiner. Die Pflanzen werden zum Teil schon in Ampeln verkauft, aber wenn Sie sie in größere Ampeln setzen, werden sie schöner. Es gibt spezielle Ampeln mit extra Wasserspeichern, die sich für diese großen Pflanzen gut eignen. Die kräftig wachsenden Hängepetunien und Hängegeranien verdecken bald den Wasserspeicher.

Große Topfpflanzen trocknen im Spätsommer sehr schnell aus. Ein Wochenende reicht, um so eine Ampel kollabieren zu lassen. Die Pflanzen sind im Herbst nicht mehr so jung und kräftig, sie vertragen Trockenheit nur schlecht.

Viele Sommerblumen in Ampeln, die im August verblühen, leiden auch ganz einfach unter Nährstoffmangel. Sorgt man dafür, dass sie in geräumigen Töpfen stehen und gibt ihnen regelmäßig Wasser mit Dünger, können sie ohne Probleme blühen, bis der Frost kommt. Manche Pflanzen, wie zum Beispiel Schneeflockenblume, Elfensporn und Strohblume vertragen sogar die ein oder andere Frostnacht.

PFLANZEN KAUFEN

Sie können schon im Vorfrühling kleine Pflanzen kaufen und sie zunächst ins Gewächshaus stellen. Dafür gibt es in Gärtnereien und Gartencentern eine große Auswahl, man kann da spannende Neuheiten finden.

Mit dem Auspflanzen ins Freiland sollten Sie warten, bis es wärmer ist und kein Risiko für Nachtfröste mehr besteht. Die Pflanzen stellen sonst ihr Wachstum ein, und die Blätter vergilben. Dann dauert es eine Zeit, bis sie sich wieder erholen.

Besser ist es, sie im Gewächshaus zu sammeln, das man nachts frostfrei halten und an sonnigen Tagen belüften kann. Auf diese Art passen sich die gekauften Pflanzen etwas an ihr zukünftiges Leben draußen an. Wenn man sie da schon in Töpfe und Ampeln pflanzt, wachsen sie gut heran und bilden eine schöne Form.

Exotische Farben

Viele farbenprächtige Pflanzen, die einen exotischen, tropischen Eindruck machen, kommen aus wärmeren Ländern. Sie sind aber schon seit vielen Jahren ein Teil unserer Gartenfreuden. Die Dahlie ist eine solche Pflanze, obwohl sie ziemlich viel Arbeit macht, weil man die Wurzeln von Jahr zu Jahr aufhebt. Sie müssen in gute Erde gepflanzt, im Herbst ausgegraben und frostfrei und kühl verwahrt werden.

Normalerweise brauchen sie ziemlich warme Erde, bevor sie draußen gepflanzt werden können. Deshalb kann man in Deutschland selten vor Anfang Mai Dahlien pflanzen, und wenn dann meist im Oktober der erste Frost kommt, bleibt nicht so viel Zeit, sich an den Blüten zu freuen. Wenn man die Knollen im Frühjahr zuerst in große Töpfe setzt und sie im Gewächshaus in Gang kommen lässt, gewinnt man viel Zeit. Durch Pinzieren kann man den buschigen Wuchs fördern. Sie können dann schon als große Pflanzen ausgepflanzt werden, sobald das Frostrisiko vorbei ist.

Viele Zwiebeln und Knollen

Es gibt viele andere dankbare Zwiebelpflanzen, die schön blühen, wenn man sie vorzieht. Dazu gehören Inkalilien, Fresien, Canna und Begonien, die alle vorgezogen werden, um früh Blüten bilden zu können. Sterngladiolen und andere Gladiolen kann man direkt

Neue Canna aus der Reihe Cannova, die mit Samen vermehrt wird und Wurzeln bildet, die man überwintern kann

auspflanzen, aber sie können für frühere Blüten auch gut vorgezogen werden, genau wie Anemonen und Ranunkeln.

Mäßig winterhart sind Fackellilien und Montbretien, die in Deutschland draußen überwintern können. Sie danken es aber, wenn sie vorgezogen und frostfrei überwintert werden.

Besonders Canna sind interessant; in den letzten Jahren wurden Sorten auf den Markt gebracht, die man säen und innerhalb einer Saison zum Blühen bringen kann, es gibt sie in vielen wunderbaren Farben. So kann man sich viele gesunde Pflanzen zu einem guten Preis zulegen. Hebt man sie von Jahr zu Jahr nach dem ersten Nachtfrost drinnen auf, werden sie auch prächtig groß.

Erstaunliche Knollenpflanzen sind Enzian-Salbei, der dicke weiße Wurzeln bekommt, und Wunderblume, die karottenartige Wurzeln hat. Sie werden als Sommerblumen verwendet, sind aber mehrjährig. Wenn man die Wurzeln ausgräbt, sie frostfrei verwahrt und im Vorfrühling in einen Topf ins Gewächshaus pflanzt, bilden sie lang anhaltend Blüten. Der Salbei wird von Jahr

SO WIRD'S GEMACHT – PFLANZEN UND PFLEGEN

- Im Frühling setzt man Knollen, Zwiebeln und Wurzeln in große Töpfe, damit sie Platz zum Wachsen haben. Pflanzen Sie sie direkt in dekorative Töpfe oder in große Plastiktöpfe mit Loch. Eimer mit Löchern im Boden gehen auch gut.
- Für besonders gute Drainierung zuerst eine Schicht Blähbeton-Kugeln einfüllen. Dann mit einer Schicht nährstoffreicher Pflanzerde auffüllen. Wie hoch, hängt von der Pflanzenart ab, für Dahlien ca. 20 cm.
- Die Wurzeln oder eine Schicht Knollen auf der Erde verteilen. Etwas andrücken, sodass sie guten Erdkontakt haben.
- Nach der Anweisung auf der Verpackung mit Erde bedecken. Dahlienwurzeln sollen bedeckt sein, der obere Teil soll ca. 5 cm unter der Erdoberfläche liegen.
- Bei Zwiebelpflanzen wie Gladiolen kann man später, wenn sie bereits wachsen, mehr Erde nachfüllen. Cannas erfordern viel Platz und nährstoffreiche Erde.

- Beim Pflanzen reichlich gießen und dann sparsam mit dem Wasser umgehen, bis die Pflanzen wachsen.
- Lassen Sie die Pflanzen im Gewächshaus an einem sonnigen Ort stehen und heranwachsen. Wenn das Wetter es zulässt, können sie dann ausgepflanzt werden.
- Vergraben Sie den ganzen Topf im Beet oder stellen Sie ihn hinaus.
- Man kann die Pflanze auch vorsichtig aus dem Topf lösen und sie direkt in die Bodenerde setzen. Legen Sie dazu den Topf auf die Seite und ziehen Sie ihn ab, sodass die empfindlichen Stängel nicht brechen.
- Pflanzen Sie den Erdklumpen mit Stängeln und Blättern ungefähr so tief, wie er im Topf stand. Die Oberseite der Wurzeln sollte ein paar Zentimeter unter der Erdoberfläche sein.
- Während des Sommers sollte man großzügig gießen und ordentlich Nährstoffe zuführen. Die meisten Zwiebelpflanzen brauchen viele Nährstoffe, um Wurzeln und Zwiebeln für das kommende Jahr auszubilden.
- Im Herbst gräbt man je nach Pflanzenart Wurzeln und Knollen aus, um sie über den Winter zu verwahren. Wenn man im Topf gepflanzt hat, stellt man den ganzen Topf zum Überwintern unter. Im nächsten Jahr pflanzt man dann in neue, nährstoffreiche Erde um. Ein weiterer Vorteil am Anbau im Topf ist, dass man den ganzen Topf ins Gewächshaus stellen kann, wenn der Frost kommt. Wenn nach und nach die Knospen ausschlagen, kann man die Blumen für Sträuße abschneiden.

Die Knollenwinde ist eine Variante der Süßkartoffel, die schöne herzförmige Blätter in Hellgrün, Rost- oder Weinrot hat. Frühzeitig gesetzte Pflanzen können Knollen bilden, die man fürs nächste Jahr aufheben kann.

Lilien kann man als Zwiebeln oder blühend in Töpfen kaufen. In beiden Fällen kann man sie gut in den Garten auspflanzen, wenn sie verblüht sind, sie können im nächsten Sommer wiederkommen.

zu Jahr größer, man kann ihn dann teilen. Die Wunderblume wird eine kräftige Pflanze, fast wie ein niedriger Busch, mit vielen kleinen farbenfrohen Blüten.

Speziell ist auch die Knollenwinde mit ihren dekorativen Blättern in schönen Farben und Formen. Sie wird als Pflanze gekauft, bildet aber manchmal eine kleine Knolle, wenn es ihr gut geht und sie Nährstoffe bekommt. Die Knolle wird im Herbst herausgenommen, wenn die Pflanze zu verwelken beginnt. Sie kann dann bis zum nächsten Jahr aufgehoben werden.

Winterharte Lilien

Viele Lilien sind winterhart und können draußen überwintern, wenn das Wasser in der Erde nicht staut. Aber die großen, fleischigen Zwiebeln verrotten leicht. Wenn man sie zeitig im Frühling kauft und in Töpfen ins Gewächshaus stellt, können sie früher wachsen und blühen. Lilien sollen später tief in die Erde gepflanzt werden, aber man kann ihr Wachstum im

Topf beschleunigen, bevor man sie auspflanzt. Sehr schön als Lückenfüller zwischen Pfingstrosen und Iris, wenn die verblüht sind. Wer Lilien die ganze Saison über im Topf belässt, sollte den frostgeschützt überwintern.

TIPPS FÜR SCHNELLERES LILIENWACHSTUM

- Setzen Sie die Lilienzwiebel in einen Eimer oder tiefen Topf mit 10 cm Erde am Boden. Füllen Sie ihn auf, bis die Zwiebel bedeckt ist.
- Wenn sie zu sprießen beginnt, füllt man um den Stängel mehrmals mehr Erde nach, bis der Eimer ganz voll ist.
- Wenn der Stängel aus dem Eimer gewachsen ist, kann man die Lilie anschließend ganz vorsichtig am gewünschten Platz auspflanzen.

BREITSAAT FÜR BLÜHENDE BEETE

Farbenfrohe Beete und Blumensträuße sind ein Teil des Gartenvergnügens. Für spätsommerliche Pracht können Blumen direkt ins Beet gesät werden, aber will man etwas schaffen, was früher und reichlicher blüht, ist dies dank des Gewächshauses ebenfalls möglich.

Nach der Breitsaat von Blumensamen in flachen Kisten kann man bald kleine Pflanzen aussetzen. Pflänzchen, die etwas Zeit brauchen, bis sie blühen, kommen trotzdem viel schneller in Gang, als wenn man sie direkt im Freien ins Beet sät. Manche wie der einjährige Gartenrittersporn erfordern eine lange Anbauzeit, bis sie blühen, andere wie Kapuzinerkresse sind richtig schnell. Außerdem können sie dann genau dort gepflanzt werden, wo man sie haben möchte, und in der richtigen Anzahl. Wenn man Kapuzinerkresse als Randbepflanzung um das Gemüsebeet geplant hat, ist es ärgerlich, wenn eine Lücke entsteht, weil aus irgendeinem Grund drei der direkt gesäten Samen nicht angegangen sind.

Wenn das Beet einen prächtigen Eindruck machen soll, sollten alle Blumen unabhängig von der Sorte gleichzeitig blühen. Es ist zwar schön, blühende Petunien auszupflanzen, aber wenn sie zur Kapuzinerkresse passen sollen, die im Beet in der Regel nicht vor Juni blüht, geht ein Teil des Effekts verloren. Die Möglichkeit, auch die pflegeleichtesten Pflanzen vorzuziehen und zu beschleunigen, ist einer der großen Vorteile des Gewächshauses.

Manche Samen, die man kauft, sind richtig teuer. Eine ganz besondere Ringelblume, altmodische Duftwicken oder schwarze Kapuzinerkresse kann einige Euro pro Samentütchen kosten. Wenn man diese Samen direkt ins Beet sät, kann man sich nie sicher sein, ob alle auskeimen. Diese exklusiven Sorten sollte man vorziehen. Wenn man in eine Kiste mit Aussaaterde sät und sie ins Gewächshaus stellt, hat man die Saat besser unter Kontrolle. Man riskiert nicht, dass Schnecken oder Vögel die wertvollen Keimlinge auffressen oder dass ein plötzlicher Regenguss alles wegschwemmt. Oft sind auch gar nicht so viele Samen im Tütchen, wenn sie teuer sind. Wenn man die größtmögliche Anzahl Pflanzen aus einem Tütchen herausholen will, sollten sie im Gewächshaus in eine Kiste mit Anzuchterde gesät werden.

Viele dieser Blumen kann man gar nicht als Pflanzen kaufen, jedenfalls selten in einer größeren Auswahl an Sorten. Eine ungewöhnlich weiße Kapuzinerkresse oder cremefarbene Ringelblume sieht zusammen mit gefülltem graulila pionenblütigem Mohn sehr edel aus. Außerdem gibt es eine Menge Pflanzen, die im Laden schwer zu haben sind. Duftwicken, hohe Schmuckkörbchen und üppige Jungfern im Grünen kann man nicht kaufen, und den schönen pionenblütigen Mohn auch nicht. Diese muss man selbst ziehen.

Links: Sommerblumenbeet mit selbst gesäten Pflanzen: Löwenmaul, Gartenrittersporn, Hasenohren (Bupleurum), Duftwicken und Allasblumen. Rechts: Kosmeen (Cosmos) sind ein schöner Höhepunkt im Sommerblumenbeet.

Sommerblumen beim Wachsen

Kapuzinerkresse für das Sommerblumenbeet

Frisch bepflanztes Sommerblumenbeet im Mai

Sommerblumenbeet mit Dahlien beim Heranwachsen

Sommerblumenbeet in Pastellfarben mit Sommerphlox

Sommerblumenbeet in Blau mit Leberbalsam am Rand

SO WIRD'S GEMACHT – BREITSAAT

- Füllen Sie flache Kisten mit Erde. Nehmen Sie eventuell Minitreibhäuser mit Plastikdeckel. Füllen Sie die Kisten gut mit Anzuchterde, die frei von Unkrautsamen und Krankheiten ist.
- Drücken Sie die Erde etwas fest, besonders in den Ecken der Kiste, und füllen Sie mehr Erde nach, bis die Kiste fast voll ist.
- Gießen Sie die Erde mit einer Gießkanne mit feiner Tülle, bis sie durchgehend feucht ist.
- Säen Sie die Samenkörner gut verteilt auf die feuchte Erde aus. Bedecken Sie sie nach den Anweisungen auf dem Tütchen mit Erde und klopfen Sie vorsichtig mit der Handfläche auf die Erde. Die Feuchtigkeit wird in die obere Erdschicht hinaufdringen.
- Stellen Sie die Saat direkt ins Gewächshaus. Sind es Pflanzen, die höhere Keimtemperaturen brauchen, können sie im Haus stehen, bis sie hervorkommen. Sobald sie sprießen, werden sie dann ins Gewächshaus umgestellt.
- Wässern Sie die Saat sehr vorsichtig, am besten von unten, wenn die Kiste Löcher im Boden hat. Das Wasser darf nicht in der Kiste stehen, aber die Saat auch nicht vertrocknen. Wenn man in Anzuchterde gesät hat, sollte man ab dem Zeitpunkt, zu dem die Pflanzen ca. 1 cm hoch sind, mit Dünger gießen.

ZUR BREITSAAT IN DER KISTE GEEIGNET

Großes Löwenmaul, *Antirrhinum majus*
Ringelblume, *Calendula officinalis*
Sommeraster, *Callistephus chinensis*
Chrysanthemen, *Chrysanthemum*
Kalifornischer Mohn, *Eschscholzia californica*
Duftwicke, *Lathyrus odoratus*
Bechermalve, *Lavatera trimestris*
Jungfer im Grünen, *Nigella*
Paeonienblütiger Mohn, *Papaver somniferum*
    Paeoniflorum-Gr.
Schopfsalbei, *Salvia viridis*
Samt-Skabiose, *Scabiosa atropurpurea*
Gewürztagetes, *Tagetes tenuifolia*
Große Kapuzinerkresse, *Tropaeolum majus*
Kanarische Kapuzinerkresse, *Tropaeolum peregrinum*
Haage-Zinnie, *Zinnia haageana*
Strohblumen verschiedener Arten

Auspflanzen

Wenn das Wetter warm genug ist und die Pflanzen in den Schalen 3–5 cm hoch sind, können sie in den Garten umgesetzt werden. Man kann sie für vieles verwenden: Für Beete zusammen mit anderen Sommerblumen; als Lückenfüller, wenn irgendwo etwas nicht gewachsen ist oder Zwiebelblumen verblüht sind; als Farbtupfer zwischen später blühenden mehrjährigen Pflanzen. Kleinpflanzen wie diese sind perfekt, um in Blumenampeln hübsche Kombinationen zu schaffen. Man kann sie ins Reihen ins Gemüsebeet setzen oder für Sträuße verwenden. Viele von ihnen sind auch essbar und dekorativ in Salaten, Drinks und auf Torten einzusetzen.

Saisonale Beete

Wenn man weder Töpfe noch Beete übrig hat, in die man angezogene Jungpflanzen setzen kann, ist das einfach zu lösen. Legen Sie ein saisonales Beet an. Solche Rabatten eignen sich insbesondere für Orte, an denen man sonst schwer etwas zum Wachsen bringt, wie unter großen Bäumen oder vor Hecken. Man muss im Garten nur ein Randbegrenzung bilden und den Boden zunächst mit einer Schicht Zeitungen auslegen. Wenn das Beet unter Bäumen oder auf einem harten Untergrund steht, sollte man einen Boden aus Plastikplane, Wurzelsperre, Müllsäcken, Wachstuch oder anderem Material machen. Das verhindert, dass später das Wasser zu schnell abläuft. Den Rand kann man aus Aufsatzrahmen, einem niedrigen Zaun von der Rolle, einem Rand aus rauen Plastikelementen oder einem modernen „rostigen" Blechrand errichten – es gibt viele Möglichkeiten. Innerhalb des Randes füllt man mit Pflanzerde aus dem Sack auf. Mischen Sie gerne auch Dünger mit Langzeitwirkung unter. Setzen Sie die Pflanzen hinein und warten Sie auf die Blüten.

Der Garten kann dank der improvisierten Beete verwandelt werden. Es ist auch eine gute Methode, um neue Anbauflächen zu schaffen. Bedeckt man den normalen Gartenboden für eine Saison, sterben normalerweise die Pflanzen ab, die dort standen, auch Unkraut wie Nesseln und Quecke. In den folgenden Jahren kann man dort neue Pflanzen setzen und weiter anbauen, die Erde verbessern oder neuen Rasen säen oder pflanzen.

GEMÜSE IM GEWÄCHSHAUS

Sich eine sonnenwarme Tomate mit viel Geschmack oder eine süße, feste Gurke aus eigenem Anbau gönnen zu können, ist lecker, gesund und macht Spaß. Sie können zwar auch draußen gepflanzt werden, aber der Anbau im Gewächshaus ist sicherer und ergibt frühere und reichlichere Ernten.

Man kann nach allen Regeln der Kunst anbauen, aber man kann es sich auch einfach machen. Dann wird jedoch die Ernte nicht so üppig. Sie können Pflanzen selber vorziehen (siehe dazu Kapitel 3, Seiten 27 f.), Jungpflänzchen holen oder große Pflanzen im Gartencenter kaufen. Wie auch immer man sich entscheidet, die Pflanzen haben dieselben Anforderungen und werden auf die gleiche Art gepflanzt, wenn sie ins Gewächshaus gesetzt werden. Die Anbauweise, die hier beschrieben wird, enthält auch einige Tricks von Profigärtnern, die darauf ausgelegt sind, eine optimale Umwelt zu schaffen, natürlich ohne Gifte zu verwenden. Zunächst gehen wir auf allgemeine Regeln ein, die allgemein für alle Pflanzen gelten. Anschließend folgen Anbauanleitungen für einzelne Arten.

In die Höhe züchten

Die meisten Gemüsepflanzen, die man im Gewächshaus hat, züchtet man in die Höhe, um den Raum zu nutzen. Tomate, Gurke, Melone und Paprika können an Schnüren festgebunden werden, die bis zum Dach reichen. Wenn man in die Höhe züchtet, wird das Gewächshaus wie eine grüne Laube, und alle Pflanzen bekommen viel Licht. Man selbst kann in einem grünen Dschungel sitzen und genießen. Eine Tomaten- oder Gurkenpflanze kann in einem Sommer über 4—5 Meter hoch werden. Paprika, Chili und Aubergine werden nicht ganz so lang und dünn. Sie können auch als Büsche gezüchtet werden.

Die Pflanzen werden im Gewächshaus direkt in den Boden oder in einen geräumigen Topf gepflanzt. Man kann einen 10-Liter-Eimer verwenden, aber ein größerer Topf ist besser, denn die Erde trocknet in einem kleinen Topf schneller aus als in einem großen. Wenn die Pflanze im Topf steht, sollte man etwas Kleineres davor stellen, sodass die Sonne nicht direkt auf den Topf scheint.

Binden Sie eine Aufbindeschnur aus Kunststoff nahe am Erdreich in einer Schlinge um den Pflanzenstängel. Die Schlinge darf sich nicht um den Stängel zuziehen, sonst wird die Pflanze stranguliert. Wickeln Sie die Schnur in einigen Windungen um den Stängel bis zur Spitze. Gehen Sie über die Spitze hinaus und binden Sie die Schnur fest an einen Haken, der oben am Gerüst des Gewächshauses befestigt ist. Es gibt dafür spezielle Haken, die man problemlos lösen und versetzen kann. Achtung: Bei nicht passenden oder zu schwachen Haken besteht das Risiko, dass diese sich aufgrund des Gewichts lösen, wenn die Pflanze Früchte bekommen. Wenn das Gewächshausgerüst aus Holz ist, kann man normale Schraubösen für die Schnur eindrehen. Setzen Sie sie in regelmäßigen Abständen, man braucht eine Öse für jede Pflanze.

Die Schnur sollte unter dem Dach nicht abgeschnitten, sondern weitere 5 Meter aufgespart und zu einem Knäuel zusammen gebunden oder um einen Halter gewickelt werden. Zweimal in der Woche wickelt man die Schnur um den wachsenden Pflanzenstängel, sodass er auf dem Weg nach oben gestützt wird. Die Schnur sollte dabei so stramm sitzen, dass die Pflanze eine Stütze bekommt, und so lang sein, dass sie für die ganze Länge der Pflanze reicht, wenn der Sommer vorbei ist.

Wenn die Pflanzen allmählich größer werden, werden sie immer mehr zur Seite gebunden. Man kann den Haken versetzen oder einfach alle Schnüre in dieselbe Richtung einen Haken weiter binden.

Züchten Sie Gemüse möglichst in die Höhe, dann haben Sie Platz für Pflanzen und Kaffeetisch.

Dicht, aber luftig

Man darf im Gewächshaus nicht zu dicht pflanzen. Die Pflanzen sehen anfangs zwar recht klein und mickrig aus, aber sie müssen aufgrund des Krankheitsrisikos vereinzelt stehen. Am besten stellt man die Pflanzen „im Zickzack" auf, sodass jede Pflanze um sich herum so viel Platz wie möglich bekommt. Auch wenn sie in Töpfen stehen, sollte man daran denken. Wie groß die Zwischenräume zwischen den Pflanzen genau sein sollen, hängt von den Arten und Sorten ab, aber zwei bis drei Tomaten- oder Gurkenpflanzen pro Quadratmeter Gewächshausfläche inklusive Gänge kann als Richtlinie dienen. In einem Gewächshaus von 10 Quadratmetern sind 25 dieser Gemüsepflanzen sinnvoll, dazu können kleinere Pflanzen in Töpfen gestellt werden. Hat man Weinreben oder gar Obstbäume, muss man die Anzahl der anderen Pflanzen verringern.

Wenn die Rankpflanzen allmählich in die Höhe wachsen, kann man niedrigere Pflanzen dazwischen setzen. Basilikum braucht viel Wärme und fühlt sich im Gewächshaus zwischen Tomaten und Gurken wohl. Wenn die Pflanzen in die Höhe wachsen, muss man darauf achten, unten Unkraut zu jäten. Auch wenn andere Pflanzen zwischen den hohen Gewächsen stehen, muss man die Erde sauber halten. Werfen Sie Unkraut und Pflanzenreste nicht einfach auf den Boden, sie gehören auf den Komposthaufen.

Beschneiden

Viele Pflanzen, die man im Gewächshaus anbaut, sollten beschnitten werden. Man kann nicht alle Triebe weiter wachsen lassen. Sonst wird das Gewächshaus zu einem dichten, schattigen Dschungel, in dem die Pflanzen zu wenig Licht und Platz bekommen. Das bedeutet schlechtere und weniger Früchte, die kaum reif werden. Man riskiert auch, dass die Pflanzen spontan Früchte abwerfen. Die Pflanzen brauchen Sonne und Luft, um gute Ernten zu bringen.

Welke und angegriffene Blätter werden abgeschnitten und weggeworfen. Die Blätter sollten am besten nicht in Kontakt mit dem Boden kommen, um das Schimmelrisiko zu minimieren. Auf der Erde liegende Blätter sollten entfernt werden, sobald sie ansatzweise verdorben aussehen.

Mehr kombinieren

Wenn man Pflanzen kaufen geht, kann man das Glück haben, verschiedene Sorten fürs Gewächshaus zu finden. Peperoni sind unterschiedlich scharf, Paprika gibt es in vielen schönen Farben, Gurken sind unterschiedlich lang, Tomaten haben einen unterschiedlich süßen oder säuerlichen Geschmack, und es gibt sie in einer Menge Farben und Größen. Es wird nicht schwieriger und das Resultat nicht schlechter, wenn man mehrere Sorten anbaut. Schreiben Sie Etiketten und stecken Sie sie in die Töpfe. Tomaten und Gurken kann man auch wunderbar im selben Gewächshaus anbauen.

TOMATEN

Tomaten sind dankbar und im Gewächshaus leicht anzubauen. Es braucht allerdings Zeit, bis die Früchte reifen. Will man also während des Sommers Tomaten haben, muss man früh anfangen. Man kann die Samen selbst aussäen und daraus Pflanzen ziehen oder fertige Pflanzen kaufen. Der Vorteil dabei, sie selbst zu ziehen ist, dass man genau die Sorte auswählen kann, die man haben möchte. Normalerweise sind Kaufpflanzen besser als die, die man selbst heranzieht, sie haben mehr Licht bekommen und sind kompakter im Wuchs. Der Transport vom Anbaugebiet zur Verkaufsstelle kann die Pflanzen aber sehr stressen, sodass es ihnen weniger gut geht. Weil sie in einem perfekt gepflegten Gewächshaus eines Profizüchters gestanden haben, können sie in einem kühlen Hobbygewächshaus anfangs etwas gebremst sein. Eigene Pflanzen sind schon daran gewöhnt, unter nicht ganz so perfekt Bedingungen aufzuwachsen, sie erleben dadurch keine Unterbrechung des Wachstums.

Von der Aussaat bis zur Blüte dauert die Eigenaufzucht bei günstigen Verhältnissen 7–8 Wochen, danach weitere 7–8 Wochen von der Blüte bis zur reifen Frucht. Insgesamt sind das fast 4 Monate; wenn man im Juli Tomaten ernten möchte, muss man also im Februar säen.

Sorten wählen

Tomaten gibt es nicht nur in unterschiedlichen Sorten, es gibt auch verschiedene Arten. Die Sorten, die richtig kleine Früchte haben, haben oft große Rispen mit Unmengen von Früchten. Je größer die einzelne Tomate wird, desto weniger Früchte stehen in der Rispe.

Normal große rote Sorten geben in der Regel die größten Erträge in Kilo Tomaten pro Pflanze. Welche Tomatensorte man wählt, hängt vom eigenen Geschmack ab, und die Geschmäcker sind, was Tomaten angeht, sehr unterschiedlich. Im Allgemeinen haben kleine Tomaten einen intensiveren Geschmack als große Fleischtomaten. Das hängt jedoch auch davon ab, wie man sie anbaut. Viel Sonne und etwas weniger Wasser (aber nur etwas weniger) ergeben ein intensiveres Aroma und besseren Geschmack als ein schattiger Standort und reichlich Wasser.

Es gibt viele Sorten von Tomatenpflanzen zu kaufen und noch mehr verschiedene Arten als Samen.

Duschen oder schütteln Sie die Tomatenpflanzen, dann befruchten sie sich selbst.

Wenn die Spitze der Pflanze das Dach erreicht, wird die Pflanze zur Seite geneigt, sodass sie weiter wachsen kann.

Samen von guten Sorten sind teuer, und gute Sorten sind leichter zu ziehen als billige. Manche Sorten kosten über 5 Euro pro Samentütchen, andere nur wenige Cent. Gute Sorten sind widerstandsfähig gegen alle möglichen Krankheiten und vertragen Wetterwechsel, ohne im Wachstum stehen zu bleiben. Sie werden auch in vielen ungewöhnlichen und lustigen Sorten verkauft, die schwarze, grüne, gestreifte, rosa, gelbe oder weiße Früchte bilden können. Diese sind oft eher optisch interessant als gut im Geschmack, und teuer, weil sie ungewöhnlich sind.

Am einfachsten anzubauen sind rote, normal große Sorten, ganz einfach deshalb, weil solche Sorten am meisten veredelt worden sind. Im Allgemeinen kann man davon ausgehen, dass neuere Sorten widerstandsfähiger gegen Krankheiten sind. Sie können auch mehrere Sorten für unterschiedliche Verwendungen anbauen. Eine normale rote Gewächshaustomate für Salat, eine kleinere, um sie direkt von der Pflanze zu essen, eine gelbe wegen der schönen Farbe und irgendeine verlockende Neuheit als Überraschung.

Pflege

Tomatenpflanzen werden in einen großen Topf, einen Sack oder in die Bodenerde gepflanzt. Sie werden zur Decke aufgebunden, wie es auf Seite 61 beschrieben wird. Wenn sie zu blühen beginnen, sollte man jeden Tag etwas an den Pflanzen rütteln oder sie kurz abduschen. Tomaten befruchten sich selbst, aber der Pollen muss auf den Stempel herunter fallen, damit es Früchte gibt. Wenn man die Pflanze abduscht oder daran rüttelt, löst sich der Pollen und befruchtet die Eizellen in den Fruchtknoten. Gießen Sie jeden Tag, Tropfbewässerung ist fast ein Muss. Wenn man keine Tropfbewässerung hat, sollte man jeden Morgen, mittags und am frühen Nachmittag gießen. Gießen oder duschen Sie nicht abends, das gibt Krankheitserregern länger die Chance, sich auf den nassen Blättern anzusiedeln. Rechnen Sie damit, dass eine große Tomatenpflanze jeden Tag mehrere Liter Wasser braucht. Verwenden Sie keinen Schlauch, das Leitungswasser ist sehr kalt und schadet den Wurzeln der Pflanzen. Füllen Sie stattdessen nach dem Gießen Tonnen und Kannen mit Wasser

Diese Seitentriebe („Geize") müssen entfernt werden, falls auf dem Samentütchen nichts anderes steht.

Neue, fast schwarze Tomaten wie ‚Indigo Rose' enthalten besonders viel Anthocyane, die als gesundheitsfördernd gelten. Ältere rotbraune Sorten wie ‚Black Cherry' sind weniger schwarz und haben einen anderen Farbstoff in der Schale. Rote Tomaten enthalten Lykopen, gelbe auch, aber in geringerer Menge.

auf und lassen Sie sie bis zum nächsten Gießen im Gewächshaus stehen. Dann kann sich das Wasser etwas erwärmen.

Tomaten geht es bei 20–25 °C am besten. Achten Sie im Gewächshaus auf eine gute Belüftung, um die Temperatur gegebenenfalls zu senken, automatische Lüftungssysteme sind ein gutes Hilfsmittel (siehe Seite 148). Man kann auch den Boden duschen, um durch Verdunstung die Temperatur zu senken und die Luftfeuchtigkeit zu erhöhen.

Geizen Sie die Tomatenpflanzen jede Woche aus. Die meisten Gewächshaustomaten können fast unbegrenzt hoch wachsen und neue Triebe im Blattwerk bekommen, die entfernt werden müssen. Die kleinen Triebe, die man entfernen muss, nennt man Geiztriebe oder Geize. Es können sogar ganz unten am Fuß der Pflanze Geiztriebe entstehen, auch diese sind zu entfernen. Auch wenn man die Triebe in einer Woche abschneidet, kommen in der nächsten Woche neue. Man muss jede Woche ausgeizen, die Pflanze hört nie auf, neue Triebe zu bilden.

Entfernen Sie auch Altes und Welkes. Die untersten Blätter vergilben nach und nach. Schneiden Sie die verwelktesten ab, etwa drei Stück pro Woche. Schneiden Sie nicht alle Blätter ab, auch wenn sie „hässlich" erscheinen, die Pflanze muss grüne, funktionierende Blätter haben, um Früchte hervorbringen zu können. Abgebrochene Triebe, Blätter und andere geschädigte Pflanzenteile werden entfernt.

Wickeln Sie die Schnur jede Woche um den Hauptstängel der Pflanze, wie auf Seite 61 beschrieben. Zurren Sie dabei keine Blätter und Blütenrispen fest, denn dann fallen sie ab. Wenn die Tomatenpflanze bis zum Dach reicht, kann man sie ein Stück seitwärts stellen. Der untere Teil der Pflanze, der Abschnitt des Stammes, der wahrscheinlich keine Blätter mehr hat, liegt dann schräg unter der Pflanze. Wenn man über eine richtig lange Zeit anbaut, werden die Pflanzen seitwärts um das Gewächshaus „wandern", siehe Foto Seite 64 rechts.

Auf diese Weise kann die Tomatenpflanze über einen langen Zeitraum ständig mit der Spitze im Licht weiter wachsen, neue Blüten bilden und Früchte tragen. Will

Ernten Sie die Tomaten nach und nach, sie reifen zuerst am unteren Teil der Rispe und zuletzt oben.

man nicht, dass die Pflanze so groß wird, kann man sie pinzieren, wenn sie das Dach erreicht. Dann bildet sie keine Blüten mehr.

Wenn der Sommer sich dem Ende zuneigt, sollte man die Tomatenpflanzen in jedem Fall pinzieren. Weil es von der Blüte bis zur Ernte zwei Monate dauert, kann man sich ausrechnen, wann es Zeit ist, die Spitze zu entfernen. Man schneidet sie ab, damit die Pflanze ihre Kraft dafür verwendet, die Früchte, die bereits angelegt sind, richtig reifen zu lassen.

Manche Sorten, die Strauchtomaten, werden nur gut einen Meter hoch. Sie müssen nicht ausgeizt oder beschnitten werden, sondern wachsen wie ein Strauch. Alle Triebe, die im Blattwerk entstehen, bleiben an der Pflanze. Das Gleiche gilt für hängende Tomatenpflanzen und Mini-Sorten für Balkon und Ampeln. Diese wachsen sehr wenig und dürfen alle Triebe behalten. Alle notwendigen Informationen über die Pflanzen sollten auf dem Samentütchen stehen, sodass man weiß, ob man ausgeizen muss oder nicht.

Ernte

Sehen Sie regelmäßig nach der Pflanze, selbst wenn sie automatisch Wasser und Nährstoffe bekommt. Schauen Sie nach, ob sie Früchte bringt. Wenn aus jeder Blütenrispe nur einzelne Tomaten wachsen, stimmt etwas nicht. Jede Blüte kann eine Tomate werden, ob groß oder klein. Kirschtomaten haben sehr viele Blüten, da ist es nicht so schlimm, wenn nicht alle befruchtet werden. Je größer aber die Tomatensorte ist, desto weniger Blüten hat eine Rispe, und desto wichtiger ist es, dass alle Früchte bringen. Die Tomate beginnt als kleine grüne Beere, die langsam an Größe zunimmt. Normalerweise reifen die Tomaten einer Rispe einzeln, und man erntet sie nach und nach. Wenn man Rispentomaten anbaut, sollten alle an der Rispe bleiben und gleichzeitig reifen, die Rispe wird dabei sehr schwer. Dann muss man manchmal spezielle Plastikverstärkungen verwenden, die um den Stängel geklemmt werden. Man kann sie bei Gewächshaus- und Samenfirmen kaufen, die Profizüchter beliefern.

Pflücken Sie die Tomaten regelmäßig. Wenn es zu viele Tomaten auf einmal werden, ist es besser, sie zu pflücken und in den Kühlschrank zu legen, als sie rot an der Pflanze zu lassen. Wenn reife Früchte an der Pflanze sind, blüht sie schlechter, und ohne Blüten gibt es keine neuen Früchte.

Wenn die Kälte kommt und man das Gewächshaus leeren muss, sitzen noch viele grüne Tomaten an den Pflanzen. Diese kann man pflücken, entweder die ganzen Rispen oder die Früchte mit einem kleinen Teil des Stiels. Legen Sie diese zum Nachreifen an einen sonnigen Ort im Haus oder bereiten Sie sie grün zu. Will man das Reifen hinauszögern, legt man sie stattdessen in einen kühlen Vorratskeller. Man kann Tomaten auf diese Art mehrere Monate lang aufbewahren. Sie schmecken dann nicht mehr so intensiv, aber das tun gekaufte Tomaten im Winter auch nicht.

Probleme

Es ist einfach, Tomaten anzubauen. Es gibt einige Schädlinge, aber keine richtig schwerwiegenden Probleme. Mit ein paar Schäden und kaputten Früchten muss man immer rechnen, besonders im Herbst. Viele der üblichen Schäden rühren nicht von Krankheiten oder Schädlingen her. Die meisten Schäden sind Folgen zu kalter Nächte oder sehr heißer Tage und von unregelmäßiger Bewässerung. Normalerweise beeinträchtigen sie den Geschmack nicht, man kann die Tomate gut essen, zum Beispiel die hässlichen Teile wegschneiden und den Rest einkochen.

Aufgeplatzte Früchte haben ihre Ursache in unregelmäßiger Bewässerung und/oder stark wechselnden Temperaturen. Ein richtig heißer Augusttag gefolgt von einer kalten Nacht kann auch der Grund sein. Im Herbst gibt es folglich häufig aufgeplatzte Früchte. Auch gekräuselte Blattspitzen an den Pflanzen entstehen durch sehr unterschiedliche Tages- und Nachttemperaturen.

Früchte mit unregelmäßiger Farbe, zum Beispiel mit weißen Flecken, rühren normalerweise von unregelmäßiger Wasserversorgung und zu viel Wärme her.

Sehr grüne Partien um den Stielansatz der Früchte sind teilweise typisch für die Sorte, können aber auch durch unregelmäßige Temperaturen verursacht sein. Verfärbungen der Blätter und vergilbte Spitzen bedeuten Nährstoffmangel. Geben Sie flüssigen Dünger ins Gießwasser. Auch bei automatischer Bewässerung braucht man eventuell mehr Dünger, wenn die Pflanzen am meisten wachsen. Wenn Blätter ganz unten an der Pflanze gelb werden, liegt das am natürlichen Alterungsprozess. Man schneidet sie nach und nach ab.

Wenn es keine Früchte gibt, obwohl die Pflanze blüht, kann das an schlechter Befruchtung liegen. Man muss die Pflanzen rütteln, schütteln oder abduschen, sodass der Pollen auf den Stempel fällt. Es gibt Hummelnester, die man ins Gewächshaus setzen kann, um die Befruchtung zu unterstützen. Man kann sie bei Firmen kaufen, die auf biologische Schädlingsbekämpfung spezialisiert sind.

Ausbleibende Früchte können auch durch zu große Hitze im Gewächshaus verursacht werden. Das ist ein sehr verbreitetes Problem. Tomaten mögen es nicht wärmer als 25 °C, bei 28–30 °C gehen die Blüten ein, sodass sich keine Früchte entwickeln können. Sorgen Sie tagsüber für gute Luftzirkulation, lassen Sie Türen und Fenster offen, wenn das Gewächshaus im Sommer ein paar Tage lang unbeaufsichtigt ist (siehe Abschnitt über Belüftung Seite 148).

Während des Herbstes können Pflanzen und Früchte durch Kälte und Frost beschädigt werden. Wenn es klare Flecken oder „Fettflecken" auf den Früchten gibt, ist normalerweise Kälte der Grund. Die grünen Früchte wirken fest und schön, aber wenn sie reifen, werden sie weich.

Schädlinge

Schädlinge, die Probleme verursachen können, sind Blattläuse und Mottenschildläuse. Viele Züchter setzen heute auf biologische Schädlingsbekämpfung mit Insekten, anstatt chemische Mittel auszubringen. Biologische Schädlingsbekämpfung funktioniert auch im Hobbygewächshaus, aber dazu muss man die Wärme im Gewächshaus ziemlich gut regulieren können. Es ist für einen Hobbygärtner auch verhältnismäßig teuer, diese „Raubtiere" zu kaufen.

Dunkle Rußtauflecken auf Früchten und Blättern sind ein Hinweis auf Blattläuse. **Blattläuse** bemerkt man vor allem daran, dass Pflanzen und Früchte durch die zuckrigen Ausscheidungen klebrig werden. In dem Zuckerkonzentrat wächst der Rußtaupilz. Das ist hässlich, aber nicht gefährlich, man muss ihn nur abwaschen, bevor man die Tomate isst.

Blattläuse kann man bekämpfen, indem man Wasser auf sie spritzt, vor allem auf die Unterseite der Blätter.

TOMATEN IN ALLEN GRÖSSEN

- Johannisbeertomate, große Rispen, Tomate wiegt weniger als 10 g.
- Kirschtomate, rund und klein, 10-30 g (Mitte)
- Cocktailtomate, Kreuzung zwischen Kirsch- und Pflaumentomaten
- Pflaumentomaten, oval, 30-50 g (links)
- Normale Tomate, rund, 60-100 g (rechts)
- Fleischtomate, unregelmäßig, über 100 g

Verschiedene Peperonisorten mit unterschiedlicher Schärfe. Oft sind die kleinen Früchte schärfer als die großen.

Man kann sie auch nach Packungsanweisung mehrmals mit Pflanzenschutzmitteln besprühen.

Mottenschildläuse, auch **Weiße Fliegen** genannt, sind auch eine Art von Blattläusen. Sie sind klein, weiß und sitzen an der Unterseite der Blätter. Auch sie können Rußtau verursachen. Spritzen Sie mit Wasser und eventuell Pflanzenpflegemittel. Sie sind jedoch schwer loszuwerden. Die Pflanzenpflegemittel müssen die Insekten direkt benetzen, um zu funktionieren, und die weißen Fliegen sind sehr schnell.

Für große Löcher in Blättern und auch in Früchten sind die Larven der **Gemüsefliegen** verantwortlich. Schwer zu bekämpfen, sie fliegen überall herum. Nehmen Sie sie ab, wenn Sie sie sehen, schütteln Sie die Pflanze am frühen Morgen, sammeln Sie heruntergefallene Larven auf und töten Sie sie.

Große Löcher machen auch **Schnecken**. Der Unterschied ist, dass sie eine glänzende Schleimspur hinterlassen. Gehen Sie abends ins Gewächshaus und versuchen Sie, sie einzusammeln. Man kann auch Schneckenkorn verstreuen, das für Tiere und Menschen ungefährlich ist. Es muss regelmäßig erneuert werden.

Sich windende, schmale Gänge in den Blättern sind das Werk von **Minierfliegen**. Man kann den Angriff stoppen, wenn man ihn frühzeitig entdeckt, und angegriffene Blätter schnell entfernen. Wenn nur einzelne Blätter befallen sind, entfernt und verbrennt man sie, ansonsten ist nichts zu machen. Der Angriff schmälert die Ernte, weil viele Blätter zerstört werden.

Pilzerkrankungen

Blattschimmel ist im Spätsommer und Herbst ein häufiges Problem. Die Krankheit befällt sowohl Kartoffeln als auch Tomaten. Ältere Sorten mit kartoffelähnlicheren Blättern werden leichter befallen. Blattschimmel macht den Pflanzen braune, welke Blätter. Entfernen Sie angegriffene Blätter, sobald Sie sie sehen, und werfen Sie sie in den Müll oder verbrennen Sie sie. Bauen Sie im Spätsommer im oder neben dem Gewächshaus keine Kartoffeln an. Wählen Sie Tomatensorten, die nicht so empfindlich sind, das steht auf dem Samentütchen.

Braunfäule nennt man es, wenn der Blattschimmel die Früchte befällt. Die Tomaten bekommen große, dunkle Flecken, die erst fest sind und dann weich werden. Die befallene Früchte einfach wegwerfen. Im Herbst sind oft viele Früchte befallen.

Grauschimmel ist auch eine Spätsommerplage. Die Blätter werden braun und sind mit grauem Flaum bedeckt. Abschneiden und so schnell wie möglich aus dem Gewächshaus beseitigen. Vermeiden Sie es, frische Blätter mit befallenen Blättern zu berühren oder den Flaum auf andere Art im Gewächshaus zu verbreiten. Durch Wärme in der Nacht, zum Beispiel mit einem Heizlüfter, und gute Belüftung am Tag kann man den Befall vermindern. Grauschimmel liebt warme Tage und kalte Nächte, was im Herbst oft vorkommt. Gießen oder duschen Sie die Pflanzen nicht mehr nachmittags, sonst bleibt die Feuchtigkeit nachts an den Blättern.

Mehltau ist auch eine häufige Pilzerkrankung. Er bildet einen weißen, mehligen Belag auf den Pflanzen. Manche Sorten sind dafür empfänglicher als andere. Man sollte widerstandsfähige Pflanzen anbauen. Bei

Rechts: Paprika und Peperoni sind dieselbe Pflanzenart, aber in unterschiedlichen Varianten. Paprika sind milder und süßer im Geschmack und haben dickwandige Früchte.

Befall kann man nicht besonders viel tun. Sieht man ihn frühzeitig, kann man die Blätter entfernen und mit Pflanzenschutzmitteln spritzen. Möglicherweise kann man mehrmals mit Knoblauchpräparaten spritzen, das hilft jedenfalls gegen Mehltau auf Gurkenpflanzen.

PAPRIKA UND PEPERONI

Paprika und Peperoni sind dieselbe Pflanzenart. Sie stammen vom Spanischen Pfeffer ab und sind so gezüchtet worden, dass es große, saftige, süße und fleischige Früchte gibt – Paprika – und kleinere Früchte mit scharfem Geschmack und dünnen Wänden – Chilis. Es gibt mehrere Peperoniarten mit essbaren Früchten, aber Chili ist am üblichsten. Peperoni und Paprika mögen Wärme und Sonne, je mehr Sonne, desto intensiver wird der Geschmack.

Paprika und Peperoni können als Pflanzen gekauft oder aus Samen gezogen werden. Die Samen aus den gekauften Paprikaschoten ergeben selten Früchte wie die, aus denen man sie genommen hat, und man weiß nicht, wie gut sie sich in Deutschland anbauen lassen. Es ist besser, eine bekannte Sorte als Samen oder Pflanze zu kaufen. Dann weiß man zumindest, dass es eine Sorte ist, die in unserem Klima Ertrag geben kann.

Bei Peperoni kann es dagegen gerade spannend sein, Samen aus gekauften Früchten zu nehmen. Man muss sich nur im Klaren sein, dass man nicht genau weiß, was man bekommt, und dass die Früchte wahrscheinlich nicht denselben Geschmack haben. Wenn man Früchte aus Mexiko kauft, Samen herausnimmt und sie in Deutschland einpflanzt, werden sie nicht genauso scharf.

Es gibt eine Vielzahl spezieller Vereine und Samenfirmen, die auf Peperoni spezialisiert sind, und man kann viele verschiedene Samensorten im Internet kaufen. Peperoni bringen nicht sonderlich viele Krankheiten mit, es ist kein Problem, sie aus dem Ausland zu kaufen. Man kann sie auch ein paar Jahre lang aufheben, sie halten sich gut.

Wenn man eigene Samen nehmen will, sollte man die Früchte an der Pflanze reifen lassen, bis der der Stiel eintrocknet. Dann öffnet man die Frucht und holt die Samen heraus, die man dann etwas trocknen lässt. Trocken und dunkel verwahren.

Pflege

Paprika und Peperoni kann man gut im Topf oder im Sack anbauen. Viele der Sorten, die als Samen verkauft werden, werden als Pflanzen nicht so groß, auch wenn die Früchte groß sind. Sie kommen besser im Topf zurecht als Gurken und Tomaten. Wenn man will, kann man sie wie Tomaten züchten, an Schnüren aufgebunden und hart beschnitten. Man kann sie aber auch als üppigen „Busch" im großen Topf wachsen lassen. Der Busch sollte eine Stütze in Form eines kräftigen Stabs haben. Besonders die Früchte der Paprika können schwer sein und die Äste abknicken lassen. Wenn die Pflanze wie ein Busch wachsen soll, braucht man gar keine Triebe wegzuschneiden.

Die aufgebundene Pflanze kann man selbst formen. Man entfernt die meisten Triebe, die sich bilden, und lässt einen Trieb stehen, den man nach oben führt. Wickeln Sie die Schnur unten am Boden um den Stängel und befestigen Sie ihn in einer Öse an der Decke. Wenn oben neue Triebe kommen, behält man nur einen und schneidet die anderen weg. Oft kommen jedes Mal zwei Triebe, sodass die Pflanze mit der Zeit zickzackförmig aussieht. Man kann auch ganz unten zwei Triebe lassen, von denen jeder von der Pflanzenmitte aus schräg nach oben an eine Schnur gebunden wird, dann bekommt die Pflanze eine Y-Form. Das ist nicht so schwer, wie es scheint, Hauptsache, die Pflanze blüht, bringt Früchte und wird von der Sonne beschienen.

Ernte

Paprika und Peperoni können sowohl reif als auch unreif geerntet werden. Je nach Sorte können sie in unreifem Zustand grün und in reifem gelb, rot, orange oder schwarzbraun sein. Es gibt jedoch Varianten, die unreif rot sind und reif braunschwarz werden. Das sollte auf dem Samentütchen stehen, sodass man weiß, wann es Zeit ist, sie zu ernten.

Im Allgemeinen sind große Früchte mild im Geschmack und kleine scharf, aber nicht immer. Sie wurden so oft gekreuzt, dass es Sorten gibt, die geschmacklich an Tomaten erinnern, und andere, die brennend scharf sind. Manche Sorten werden Kirschpaprika genannt, andere Tomatenpaprika, und es ist ziemlich schwer, die Schärfe dem Aussehen nach einzuschätzen. Auch die Schärfe sollte auf dem Samentütchen stehen.

Auberginen brauchen viel Wärme und sollten in Deutschland im Gewächshaus angebaut werden.

Meist sind unreife Früchte schwächer im Geschmack als die reifen.

Solange die Früchte noch an der Pflanze sind und heranreifen, sinkt der Zuwachs an Blüten. Man bekommt mehr Paprika und Peperoni pro Pflanze, das heißt größere Ernten, wenn man sie unreif erntet. Schneiden Sie die Früchte so ab, dass ein bisschen Stiel daran bleibt. Wenn man den Stiel auslöst, entsteht ein Loch in der Frucht, an dem sie verfaulen, verschrumpeln oder verschimmeln kann. Paprika kann man nach und nach ernten und für die spätere Verwendung einfrieren. Sie reifen aber nicht gut nach, die Früchte schrumpeln zusammen.

Peperoni sollte man mit Vorsicht ernten. Die Früchte können sehr scharf sein. Fasst man sie mit den Fingern an und sich anschließend ins Gesicht oder in die Augen, kann es richtig stark und lange brennen. Peperoni reifen nicht nach, können aber getrocknet werden. Wenn man sie trocknen will, sollten sie lange an der Pflanze verbleiben und dann sonnig und luftig trocknen. Man kann sie auf einen groben Faden ziehen und zum Trocknen in die Sonne hängen. Wenn man sie auf einen Haufen legt, besteht das Risiko, dass sie schimmeln.

Probleme

Vergilbende Blätter können sowohl bei Peperoni als auch bei Paprika ein Problem sein. Als Ursache kommt Wasser- oder Stickstoffmangel in Betracht. Gießen Sie ein paarmal mit Topfpflanzendünger im Wasser und sehen Sie, ob die neuen Blätter eine grünere Farbe haben.

Die Blätter können auch aufgrund von zu kalten Nächten gelbe Flecken bekommen oder gelblich bis lila verfärben.

Wenn unreife Früchte abfallen, kann das an Wasser- und/oder Nährstoffmangel liegen. Sehen Sie zu, dass die Pflanze bei jedem Gießen schwach konzentrierten Dünger bekommt. Oft entwickeln sich aber auch ziemlich viele Früchte gleichzeitig, dann ist es nicht ungewöhnlich, dass manche abfallen.

Sind Früchte braun, fleckig, verschrumpelt, missgestaltet oder wachsen nicht so gut wie die anderen derselben Größe, kann man sie entfernen. Es macht keinen Sinn, die Pflanze Kraft für Früchte verschwenden zu lassen, die ohnehin nicht gut werden. Früchte, die unförmig sind, weil Insekten hineingestochen haben, schmecken oft genauso gut wie „ganze" Früchte, man kann Teile davon noch problemlos für Salate oder ähnliches verwenden.

Schädlinge

Paprika und Peperoni bekommen oft **Blattläuse** und **Weiße Fliegen**, das sind geflügelte Schildläuse, die sich schnell verbreiten und sehr lästig sein können. Man wird sie kaum vollständig los. Kontrollieren Sie regelmäßig die Rückseiten der Blätter, um zu sehen, wann und nicht ob ein Befall vorliegt.

Man kann mit Pflanzenpflegemittel spritzen, aber nicht, wenn die Sonne scheint, sonst verbrennen die Blätter. Es ist von Vorteil, die Pflanzen in Töpfen zu halten, dann kann man die befallenen hinausstellen und dafür sorgen, dass die anderen Gewächshauspflanzen weniger stark geschädigt werden. Wenn man die Pflanzen ins Freie stellt, wenn es warm ist, und sie mit Wasser abduscht, ist es leichter, die Läuse unter Kontrolle zu halten. Je schneller man die Läuse bekämpft, desto größer ist die Chance, dass man es erfolgreich schafft.

Manchmal können können Paprika und Peperoni von **Spinnmilben** befallen werden. Das zeigt sich durch kleine gelbweiße Punkte auf den Blättern und Gespinstfäden an den Blättern, siehe Gurke Seite 76.

Schnecken können die Blätter fressen. Streuen Sie Schneckenkorn und sammeln und töten Sie alle Schnecken, die Sie finden.

Pilzerkrankungen

Grauschimmel und andere Pilzerkrankungen können im Spätsommer und Herbst zuschlagen. Entfernen Sie welkende braune Blätter mit gräulichem Flaum, sobald sie sichtbar werden. Die kleinen grauen Sporen verbreiten sich leicht wie trockenes Pulver. Achten Sie darauf, nicht mit infizierten Pflanzenteilen im Gewächshaus herumzuwedeln, waschen Sie Ihre Hände und alle Geräte, die damit in Kontakt gekommen sind. Die Blätter sollten im Kompost vergraben oder direkt in die Mülltonne geworfen werden. Vermeiden Sie es, auf die Blätter der Pflanzen zu gießen, gießen Sie nur in die Erde.

AUBERGINEN

Die Aubergine ist wie die Tomaten ein Nachtschattengewächs, das sich in Wärme und Sonne wohl fühlt. Sie kann keinen Ertrag bringen, wenn sie nicht im Frühling im Gewächshaus angebaut wird, und sie braucht viel Wärme, um Früchte zu hervorzubringen.

Wenn die Sommerhitze kommt, kann die Auberginenpflanze genau wie Paprika und Peperoni nach draußen gestellt werden, aber sie braucht einen längeren Sommer, als es ihn in Deutschland normalerweise gibt. Aubergine kann an einer Schnur aufgebunden und in die Höhe gezüchtet werden, aber am häufigsten sind Sorten, die niedrig und buschig sind. Sie bringen Früchte, die etwas kleiner sind als die dunkelvioletten, ein halbes Kilo schweren Früchte aus dem Supermarkt. Die Früchte können weiß, lila, grün oder gestreift, läng-

lich oder rund oder fingerlang sein. In Asien sind die kleinen fingerlangen Früchte am verbreitetsten, während man in Südeuropa die großen violetten vorzieht.

Wenn man die Sorte selbst wählen will, muss man die Pflanzen aus Samen ziehen. Auberginenpflanzen sind kein übliches Produkt im Handel, aber es gibt sie. Kaufen Sie die Samen in Tütchen, nehmen Sie keine aus den Früchten. Wenn man auf der Urlaubsreise Samen kauft, ist das Risiko groß, dass man eine Sorte bekommt, die viel mehr Wärme und einen längeren Sommer braucht, als wir es haben, um essbare Früchte zu bringen. Deutsche Samenfirmen wählen die Sorten aus, die am besten in unser Klima passen.

Pflege

Säen Sie die Samen frühzeitig (im Februar) direkt in jeweils einen kleinen Topf und stellen die Pflanzen an einen hellen Ort. Sie keimen am besten bei 25–30 °C Temperatur und benötigen eine lange Vorkultur, im Februar und März gegen das Vergeilen mit zusätzli-

Links: Die asiatische Aubergine ist kleiner und geschmacklich etwas anders als die großfruchtige. Im deutschen Klima ist sie leichter anzubauen. Rechts: Pepino, hier in Blüte, ist eine weitere Nachtschattenpflanze mit ähnlichen Blüten und Früchten, aber fruchtigerem Geschmack.

Viele kleine Fruchtansätze im Entstehen

Gurken müssen nicht reif werden, man kann sie in jeder Größe essen.

cher Beleuchtung. Wenn die Pflänzchen mindestens ein richtiges Blattpaar haben, setzen Sie sie in größere Töpfe um.

Stellen Sie sie nicht ins Gewächshaus, bevor es Tag und Nacht warm ist. Sie brauchen eine hohe Erdtemperatur. Seien Sie im Anzuchtstadium etwas vorsichtig mit dem Gießen, lassen Sie die Erde zwischen den Bewässerungen leicht antrocknen. Setzen Sie dann die Pflanzen, gekauft oder selbst gezogen, in große Töpfe und düngen Sie sie regelmäßig. Wenn die Pflanze hochgebunden werden soll, entfernt man alle Triebe außer einem oder zwei, die mit Schnüren zu Ösen in der Decke hin gebunden werden. Man wickelt die Schnur weiter um den Pflanzenstängel, wenn die Pflanze wächst.

Wenn die Pflanze zu blühen beginnt, kann man die Blüten mit einem Wasserfarbenpinsel betupfen, um eine sichere Befruchtung zu erreichen. Wahrscheinlich ist das nicht nötig, aber machen Sie es zur Sicherheit

trotzdem. Wenn man die Pflanze als Busch züchten will, kann man sie über 5–6 Blättern pinzieren, dann verzweigt sie sich gut.

Ernte

Aubergine braucht für eine gute Fruchtentwicklung warme Tage um 25 °C und warme Nächte. Pflücken Sie die Früchte nach und nach, wenn sie die richtige Größe und Farbe haben.

Am schnellsten anzubauen sind die kleinfrüchtigen Sorten, die aus Asien stammen. Lassen Sie die Früchte nicht unnötig lange an der Pflanze, sondern ernten Sie sie und verwahren Sie sie nach Bedarf im Kühlschrank. Die Früchte reifen bei Raumtemperatur auch nicht nach, sondern sollten sofort verwendet oder kühl verwahrt werden.

Probleme

Aubergine braucht Wärme, um sich wohl zu fühlen. Vergilbte oder verfärbte Blätter oder Blätter mit hellen Flecken können durch zu kalte Nächte verursacht werden. Wenn die Pflanzen nicht wachsen, stehen sie oft in zu kalter Erde. Wenn Früchte abfallen, kann das an zu niedrigen Temperaturen oder Nährstoffmangel liegen.

Schädlinge

Blattläuse und **Weiße Fliegen** sind häufige Probleme. Die Blätter sind leicht behaart, die Läuse sitzen gut geschützt auf der Pflanze. Sie sind dadurch nur schwer abzuduschen, das ist bei Pflanzen mit blanken Blättern wie Paprika einfacher.

Kontrollieren Sie regelmäßig die Blattunterseiten und versuchen Sie, Blattläuse so früh wie möglich zu erkennen. Duschen Sie die Pflanzen mit Wasser ab und spritzen Sie bei Bedarf mit Pflanzenpflegemittel. Stellen sie stark befallene Pflanzen nach draußen, weg von den übrigen Pflanzen.

Spinnmilben machen helle Flecken auf den leicht behaarten Blättern. Sie sind ein ziemlich häufiges Problem (siehe Gurken, Seite 76).

Pilzerkrankungen

Grauschimmel kann die Aubergine befallen, wenn es kalt und feucht wird. Man kann nicht sehr viel dagegen tun außer das Gewächshaus tagsüber zu belüften und nachts einen Heizlüfter aufzustellen. Wenn die Pflanzen über den Sommer draußen gestanden haben, sollten sie nach drinnen gestellt werden, sobald die Abende wieder kühl und feucht werden.

PEPINO

Pepino, auch Melonenbirne genannt, erinnert sehr an Auberginen. Sie wächst wie ein Busch mit vielen Zweigen. Pepino blüht ähnlich wie Kartoffeln weiß bis blauviolett und bekommt im Lauf der Zeit ovale grünweiße Früchte mit braunlila Streifen.

Sie wird wie die Aubergine angebaut, passt gut im Topf ins Gewächshaus und mag es warm. Es gibt selten mehrere Sorten zur Auswahl, Pepino ist in Deutschland sowohl als Pflanze als auch als Samen relativ ungewöhn-

Wenn die Spitze die Decke erreicht, lässt man die Seitentriebe ganz oben auswachsen und nach unten hängen.

lich. Sie braucht ordentlich Dünger, die Früchte wachsen anfangs schnell, aber die Pflanze wird kaum einen Meter hoch.

Es gibt Pepino als Samen, aber normalerweise kauft man Pflanzen. Es ist einfacher, Stecklinge oder verwurzelte Kleinpflanzen zu nehmen und sie frühzeitig zu setzen. Samen müssen schon im Januar gesät werden, dann blüht die Pflanze im Spätsommer, um nach Bestäubung im Oktober–November Früchte zu bringen. Es dauert lange, bis sie blühen, wahrscheinlich weil sie wie Aubergine eine hohe Nachttemperatur brauchen, gerne bis 20 °C. Nach der Befruchtung wachsen die Früchte schnell. Sie haben einen süßen, melonenähnlichen Geschmack und werden frisch oder zubereitet gegessen.

Schlangengurken, die im Gewächshaus angebaut werden, können so groß wie die sein, die man im Supermarkt bekommt, oder halb so groß. Die halbgroßen werden auch Minisalatgurken genannt, und beide eignen sich dafür, frisch gegessen zu werden. Traubengurken eignen sich zum Einlegen.

Probleme

Pflanzen, die nicht blühen, und Früchte, die gelb werden und abfallen, haben ihre Ursache wahrscheinlich in zu niedrigen Temperaturen. Blätter, die am Rand braun werden, sind vom Wind ausgetrocknet.

Schädlinge

Blattläuse und **Weiße Fliegen** sind häufige Probleme. Die Blätter sind etwas behaart, und die Läuse sitzen gut geschützt auf der Pflanze. Duschen Sie die Pflanzen mit Wasser ab und spritzen Sie bei Bedarf mit Pflanzenpflegemittel. Stellen Sie stark befallene Pflanzen nach draußen, weg von den übrigen Pflanzen.

Spinnmilben machen helle Flecken auf den leicht behaarten Blättern. Sie sind bei Pepino ein häufiges Problem (siehe Gurke, Seite 78).

GURKEN

Gurken (Familie Kürbisgewächse) lassen sich genauso leicht anbauen wie Tomaten. Sie entwickeln sich sogar schneller, von der Saat bis zur Ernte vergeht weniger Zeit. Außerdem sind kleine Gurken süß und lecker, auch wenn man sie zu früh erntet. Die Gurke braucht allerdings mehr Wärme als Tomaten und ist noch kälteempfindlicher.

Eigene Gurkenpflanzen lassen sich leicht züchten, aber gute Gurkensamen sind richtig teuer. Nehmen Sie für den Gewächshausanbau Schlangengurken, also Salatgurken. Gurken sind empfindlich für Mehltau, die Sorte, die man kauft, sollte also widerstandsfähig sein. Das sollte auch auf dem Tütchen stehen. Oft sind in einem Tütchen nur fünf Samen. Setzen Sie jeden Samen in einen eigenen Topf. Am besten sind weibliche Sorten, die Gurken hervorbringen, ohne dass eine Befruchtung nötig ist. Es gibt traditionelle lange Sorten und neuere, halblange Minisalatgurken. Sie sind glatt mit dunkelgrüner Schale und dafür gedacht, sie frisch zu essen. Einlegegurken nennt man die rauschaligen Sorten, die im Freien angebaut und nach der Ernte eingelegt werden.

Gurkenpflanzen altern schneller als Tomatenpflanzen. Es ist daher eine gute Idee, ein paar Samen aufzusparen und sie später im Sommer zu säen. Je nachdem, wo man wohnt und wann der erste Frost kommt, kann es vorteilhaft sein, im Juli neue, schöne Pflanzen ins Gewächshaus zu setzen. Säen Sie neue Pflanzen in Töpfe und stellen Sie sie ins Gewächshaus, sodass sie bereit sind, wenn man sie braucht.

Pflege

Bei der Saat ab Ende März sind 25–28 °C erforderlich, damit die Samen keimen. Stellen Sie die Saat auf ein Fensterbrett über eine Heizung. Gurken mögen es nicht, von einer Saatkiste in einen Topf umgepflanzt zu werden, daher sät man sie direkt in Töpfe. Nach ein paar Wochen ist die Gurkenpflanze groß genug, um ins Gewächshaus gestellt zu werden. Stellen Sie sie nicht zu früh hinaus, Gurken wollen am liebsten mindestens 15 °C Nachttemperatur. Wenn es zu kalt wird, hören sie auf zu wachsen, und sie vergilben.

Alle Melonen blühen gelb, egal welche Sorte.

Häufig bleiben gekaufte Gurkenpflanzen, die es bisher richtig warm und schön gehabt haben, im Wachstum stehen, wenn sie im Hobbygewächshaus landen. Sie kommen jedoch meist nach ein paar Wochen „wieder in Gang". Die selbst gezogenen Pflanzen können ein paar Wochen im Gewächshaus stehen, bevor sie ins Freie ausgepflanzt werden.

Gurken wachsen schnell, wenn es warm ist. Wie lange es von der Saat bis zur Pflanzung dauert, hängt vor allem vom Wetter ab. In einem kalten Frühling können die Pflanzen mehrere Wochen ohne Entwicklung stehen, bevor etwas passiert. Deshalb kann man keine genaueren Zeitangaben machen. Wenn die Pflanze dann in Gang kommt, kann sie pro Tag bis zu 10 Zentimeter wachsen. Dann sollte man sie schnell einpflanzen und aufbinden, bevor sie so lang wird, dass sie bricht.

Wenn man Gurken in großen Töpfen anbaut, setzt man die Pflanze aus dem Saattopf auf eine Grundschicht Erde in den großen Pflanztopf und füllt ihn rund um die Pflanze mit Erde auf. Die Erde soll warm sein, aus Erdsäcken, die im Haus gelegen haben. Wenn man sie im Erdboden einpflanzen will, gräbt man die Pflanze nicht tief ein. Man setzt sie fast auf die Erde und füllt rundherum mit warmer, gekaufter Erde auf. Unten in der Bodenerde ist es wahrscheinlich kalt, auch wenn die Oberfläche warm ist. Man kann mit einem Erdthermometer messen, ob die Erde vor dem Pflanzen die gewünschten 15 °C hat.

Gurkenpflanzen haben zarte Wurzeln und empfindliche Stängel. Die Wurzeln können nicht genügend Wasser aufnehmen, um die ganze Pflanze zu versorgen. Es ist nicht ungewöhnlich, dass sie mitten am Tag den Kopf hängen lässt, wenn es am wärmsten ist. Wenn die Pflanze schlaff wird, wachsen weder Pflanze noch Früchte. Duschen Sie die Pflanze an heißen, sonnigen Tagen am besten mehrmals ab. Wenn man keine Bewässerungsanlage hat, muss man die Pflanzen mehrmals am Tag gießen, aber nicht am späten Nachmittag und Abend. Feuchtigkeit am Abend erhöht das Grauschimmelrisiko.

Beschneidung

Gurke wächst fast wie Unkraut, wenn sie sich wohlfühlt. An jedem Blattansatz entstehen Gurkenansätze sowie kleine Triebe. Man sollte diese kleinen Triebe entfernen, ohne die Gurkenansätze zu beschädigen.

Jeder Gurkenansatz hat eine kleine gelbe Blüte mit einem angeschwollenen „Körper" dahinter, der zu einer Gurke wird.

Gurke sollte wie Tomate an einer Schnur zur Decke hin aufgebunden (siehe Seite 62) und seitlich verschoben werden, wenn die Pflanze die Decke erreicht. Alternativ kann man sie pinzieren, wenn sie an die Decke reicht, und zwei Triebe am Blattansatz zu neuen Spitzen auswachsen lassen. Diese lässt man hängen/nach unten wachsen. Man kann sie je nach Platz und Raum auch seitlich zur Decke hin wachsen lassen, wenn man will.

Eine weitere Möglichkeit ist, schon frühzeitig einen Trieb zu bewahren und zur Seite zu binden. Dann erhält die Pflanze die Form eines großen Y mit zwei Schnüren vom Stielansatz zur Decke. Auf diese Weise bekommt man zwei Gurkenpflanzen aus einer, das ist gut, wenn es teure Pflanzen sind oder eine abgebrochen, verwelkt oder abgestorben ist. Wenn Schäden am Stängel entstehen, heilen diese am besten, wenn man etwas Bodenerde darauf streicht. Welkende gelbe Blätter haben keinen Nutzen und werden entfernt.

Ernte

Die Gurken wachsen aus dem Stamm der Pflanze, und man sollte dafür sorgen, dass sie frei herunter hängen können. Der Gurkenansatz darf beim Aufbinden nicht mit der Schnur umwickelt werden. Die ersten Gurken entspringen ganz unten an der Pflanze, dann höher und höher oben. Es ist wichtig, die ganze Zeit eine schöne Triebspitze zu haben, die weiter wächst, sodass neue Blätter und neue Gurkenansätze im Blattwerk entstehen. Die Gurken können bereits sehr klein geerntet werden, die kleinen sind sehr lecker, aber dann wird die Ernte in Kilo pro Pflanze gerechnet geringer. Am besten ist es, man erntet sie, wenn sie die Größe gekaufter Gurken haben.

Lassen Sie die Gurken nicht übergroß werden. Es ist kein Zeichen für einen grünen Daumen, große Gurken zu ernten. Eine große hellgrüne Gurke schmeckt nicht gut und hindert die Pflanze daran, neue Gurken zu produzieren. Gurken, die an einem Ende anschwellen, sollten sofort geerntet werden. Sie sind teilweise befruchtet worden und werden nicht besser. Essen Sie sie, sie schmecken gut, wenn sie klein sind. Es ist nicht ungewöhnlich, dass eine Pflanze mehr Gurkenansätze ausbildet, als sie fertigstellen kann. Wenn man Ansätze sieht, die zu vergilben oder zu verwelken beginnen, kann man sie entfernen und die Nährstoffe für die anderen Gurkenansätze aufsparen.

Probleme

Viele Probleme, die Gurkenpflanzen befallen, werden von fehlender Wärme verursacht. Blätter, die vergilben, wenn die Pflanze noch jung ist, sind die Folge von Kälte. Pflanzen, die vergilben und im Wachstum stehen bleiben, leiden unter zu kalten Nächten. Auch wenn Früchte vergilben und abfallen, kann dies an Kälte liegen. Wasser und Nährstoffe sind wichtig. Vergilbte Blätter und abfallende Früchte können auch durch Nährstoffmangel und Trockenheit verursacht worden sein.

Schädlinge

Spinnmilben sind das größte Problem der Gurke. Die Blätter werden zuerst gelb gepunktet, dann staubig grau und welk. Die ganze Pflanze wird kraftlos und die Ernten schlechter, weil die grünen Blätter der Pflanze Kraft zum Wachsen geben. Duschen Sie die Pflanzen und das Innere des Gewächshauses um die Mittagszeit ab, wenn es am wärmsten und trockensten ist. Eine automatische Luftbefeuchtung (siehe Seiten 165 ff.) ist sehr hilfreich. Entfernen Sie angegriffene und vergilbte Blätter sofort. Spritzen Sie regelmäßig mit Pflanzenpflegemittel. Ersetzen Sie stark angegriffene Pflanzen durch neue.

Reinigen Sie Ihr Gewächshaus jeden Herbst gründlich. Spinnmilben können im Gewächshaus überwintern und die jungen Pflanzen im Frühling sofort wieder befallen.

Blattläuse gehen ebenfalls auf Gurken. Sie können durch Pflanzenpflegemittel bekämpft werden, die besonders sorgfältig auf die Unterseiten der Blätter gespritzt werden sollten. Die Blätter sind etwas stachelig, und die Blattläuse sitzen dort gut geschützt.

Merkwürdig geformte Gurken können das Werk der **behaarten Wiesenwanze** sein. Sie spritzt ein Gift in die Frucht, die bewirkt, dass das Wachstum genau dort unterbleibt. Das Resultat ist oft eine seltsame Wuchsform. Ernten und essen Sie sie, sie werden nicht schöner, sind jedoch nicht giftig oder ungenießbar.

Melonen anzubauen kann in Deutschland in rauen Ecken schwierig sein. Normalerweise werden Netzmelonen gepflanzt, aber auch Honigmelonen wie ‚Ananas‘ und die Kulturerbesorte ‚Jenny Lind‘, eine Cantaloupe.

Pilzerkrankungen

Mehltau kann bei Gurken ein Problem sein. Die ganzen Blätter sehen dann aus, als wären sie in milchige Flüssigkeit getaucht worden. Mehltau kann auch wie weißes Pulver aussehen. Kaufen Sie widerstandsfähige Sorten und spritzen Sie eventuell mit Pflanzenpflegemittel oder Knoblauchextrakt-Präparaten. Jäten Sie zwischen den Pflanzen Unkraut und entfernen Sie Blätter, die auf den Boden herunterhängen.

Die **Gummistängelkrankheit** bewirkt, dass Gurken am schmalen Ende verrotten. Halten Sie die Erde um die Pflanzen sorgfältig sauber, entfernen Sie alle Pflanzenreste und angegriffenen Ansätze. Lüften Sie tagsüber, sodass es nachts nicht zu feucht wird.

Grauschimmel erzeugt braune Gurken mit gräulichem Flaum am Ende. Auch Blätter und Stängel können befallen werden. Der gräuliche Flaum ist leicht zu erkennen. Tritt er bei einer jungen, frisch gesetzten Pflanze auf, kann man versuchen, die befallenen Teile zu entfernen und Erde auf die Wunden streichen. Passiert es im Spätsommer/Herbst, kann man die angegriffenen Früchte pflücken und das Beste hoffen. Kalte, feuchte Nächte sind häufig die Ursache. Man kann dem entgegenwirken, indem man tagsüber lüftet und nachts einen Heizlüfter einsetzt.

MELONEN

Melonenpflanzen erinnern stark an Gurken. Normalerweise bringen sie aber nur ein paar Früchte pro Pflanze hervor, die dafür aber umso größer sind. Das Angebot an Jungpflanzen ist in Deutschland nicht groß. Das liegt daran, dass es hier etwas zu kalt für Melonen ist, sie werden daher fast immer in Gewächshäusern angebaut. Ab Ende März kann man mit Samen die Vorkultur ansetzen. Bei einer Keimtemperatur von 20–25 °C beträgt die Keimdauer 1–2 Wochen.

Nahe Verwandte der Gurke sind die Zuckermelonen wie Netzmelone, Honig- und Cantaloupe-Melone. In Deutschland werden als Netzmelonen ‚Galia‘, ‚Honey Dew‘, ‚Eastern Shipper‘ und ‚Western Shipper‘ angeboten. ‚Agora F1‘ und ‚Cezanne F1‘ sind vergleichsweise pflegeleichte Cantaloupe-Sorten. Es gibt auch alte Kultursorten, die früher von tüchtigen Gärtnern in den Treibhäusern der Herrenhäuser angebaut wurden.

Wassermelonen sind eine andere Gattung als Gurke und Melone (siehe rechts). Etwa ein Dutzend Sorten wie ‚Red Star' und ‚Sweet Siberian' wurden in Deutschland schon erfolgreich angebaut, in einem warmen und sonnigen Sommer kann das auch im Freiland gut funktionieren.

Mit steigendem Anbauinteresse gibt es mehr Melonenpflanzen im Handel. Einige der großen Samenfirmen haben ein spezielles Sortiment an Gewächshausgemüse für Berufszüchter geschaffen, die Pflanzen an Hobbyzüchter verkaufen. Die Sorten für Hobbygewächshäuser sind im Allgemeinen etwas kleiner im Wuchs und sollen eine frühe Ernte ermöglichen. Probieren Sie es aus, aber denken Sie daran, dass gerade Melonen viel Platz brauchen.

Pflege

Melonen werden wie Gurken gesät und gezüchtet. Von der Saat (Anfang bis Mitte April) bis zum Auspflanzen im Gewächshaus vergehen 4 bis 6 Wochen. Sie können im Bodenbeet oder einem großen Topf angepflanzt werden. Melonen mögen richtig warme Erde, nicht unter 20 °C.

Die Pflanzen werden genau wie Gurken mit einer Schnur zur Decke aufgebunden. Die Schnur wird unten am Boden um den Pflanzenstängel gebunden, aber die Früchte brauchen eine eigene Stütze. Jede einzelne Frucht sollte separat mit einem Netz nach oben gebunden werden, das an Ösen im Gewächshaus befestigt wird. Sonst reißen sie die ganze Pflanze mit ihrem Gewicht nach unten. Wenn die Pflanze zu Boden fällt, besteht das Risiko, dass der Stängel bricht und die Früchte aufplatzen. Die Schnur kann reißen, Bast hält nicht, man sollte daher Paketschnur mit Kunststoffbeschichtung verwenden.

Beschneidung

Melonen werden je nach Sorte unterschiedlich beschnitten. Sorten, die langsam wachsen und dichtes Blattwerk haben, werden über drei Blättern pinziert, dann lässt man wie bei der Gurke zwei Triebe zur Decke hin wachsen. Eine solche Sorte ist die Netzmelone ‚West', eine alte Sorte, die noch immer im Handel ist. Die Sorten, die kräftiger mit größerem Blattabstand wachsen, bindet man ohne Pinzieren zur Decke hin.

Entfernen Sie die Seitentriebe, die sich im Blattwerk bilden und keine weiblichen Blüten haben. Die Seitentriebe mit weiblichen Blüten schneidet man ein Blatt außerhalb der Blüte/Frucht ab. Wenn in den Falten der neuen Triebe weitere Triebe kommen, schneidet man auch diese außerhalb eines Blattes ab. Das klingt vielleicht aufwändig, ist aber überhaupt nicht schwer. Übrig sollte eine Ranke bleiben, die bis zur Decke reicht. In den Blattfalten sollten Triebe mit einer Frucht daran oder überhaupt keine sitzen. Die Triebe mit Fruchtansätzen sollten nach einem Blatt abgeschnitten werden. Jede Pflanze kann nur wenige Früchte tragen.

Befruchtung

Melonen müssen per Hand befruchtet werden, um sichere Ernten zu bringen. Bestäuben Sie mehrere Blüten der Pflanze gleichzeitig, wenn sie blühen. Wenn man die Blüten gleichzeitig bestäubt, wachsen die Früchte gleichmäßig heran und werden gleich groß. Wenn sie sich nacheinander entwickeln, kann die erste Melone auf Kosten der jüngeren sehr groß werden.

Verwenden Sie einen kleinen Wasserfarbenpinsel. Die weibliche Blüte ist die, die einen etwas „runderen Bauch" hat, sie ist am Ansatz hinter den gelben Blütenblättern etwas aufgedunsen. Bei der Befruchtung muss es über 18 °C haben, am besten führt man sie am Vormittag durch. Zuerst taucht man den Pinsel vorsichtig in die männliche Blüte, dann tupft man in die weibliche.

Auf dem Samentütchen sollte angegeben sein, welche Melonensorte es ist und wie groß die Früchte werden. Bei Zuckermelonen kann man in der Regel zwei bis drei Früchte an einer Pflanze heranwachsen lassen. Die übrigen Fruchtansätze werden entfernt, aber das hängt auch von der Sorte ab. Die Früchte können zwischen 0,5 und 2 kg schwer werden. Lässt man alle Melonen heranwachsen, bekommt man viele, aber kleine Früchte. Man lässt die Melone während des Sommers weiter wachsen und sorgt dafür, dass sie reichlich Wasser und Nährstoffe bekommt.

Wassermelonen gehören einer anderen Gattung an. Sie bekommen viel größere und mit 1,5–3 kg auch schwerere Früchte. Man kann sie auf dem Boden lie-

Lampionblumen sind nahe Verwandte von Tomatillo, Ananaskirsche und Kapstachelbeeren, was man an der hübschen Hülle um die Früchte erkennen kann. Tomatillo wird auch „Grüne Tomate" genannt und schmeckt wie eine Mischung aus Tomate, Stachelbeere und Kiwi.

gend anbauen. Interessant sind insbesondere kleinere Sorten wie ‚Sugar Baby‘, die in den letzten Jahren auf den Markt gekommen sind. Nachdem die Früchte nicht so groß werden wie andere Wassermelonen, sind sie einen Versuch wert. Unter die Frucht legt man einen Stein, Masonit oder einen anderen Schutz, sodass sie nicht direkt auf der Erde liegt, ansonsten besteht das Risiko, dass sie an der Stelle verfault, an der die Schale in Kontakt mit der Erde ist.

Melonen, sowohl Zucker- als auch Wassermelonen, können auch liegend im Frühbeet angebaut werden. Da sie viel Platz einnehmen, ist das eine Möglichkeit, den Platz im Gewächshaus für andere Dinge zu nutzen. Es ist eine einfache, traditionelle und klimafreundliche Art des Anbaus. Ziehen Sie die Pflanzen dazu in großen Töpfen im Gewächshaus vor und setzen Sie sie erst ins Frühbeet um, wenn es sommerlich warm ist. Entfernen Sie immer gewissenhaft welke Blätter und halten Sie das Umfeld der Pflanze sauber.

Ernte

Von der Befruchtung bis zur reifen Frucht dauert es je nach Sorte 12–14 Wochen. Pflücken Sie vergilbte oder verformte Früchte sofort, sie werden nie gut und nehmen den anderen Früchten nur Nährstoffe weg. Melonen sollten geerntet werden, wenn sie reif sind, das heißt wenn sie nach Melone durften und sie am Stiel etwas nachgeben, wenn man mit beiden Daumen an seinen Seiten auf die Melone drückt. Das kann schwer festzustellen sein, wenn man es nicht gewöhnt ist. Die Früchte dürfen bei der Ernte nicht allzu unreif sein, auch wenn sie bei Zimmertemperatur noch etwas nachreifen können.

Probleme

Zuckermelonen haben mit denselben Problemen zu kämpfen wie Gurken, sie sind nahe Verwandte. Beide reagieren empfindlich auf Kälte und zu große Luftfeuchtigkeit in den Nächten. Die meisten Probleme entstehen durch zu niedrige Temperaturen. Melonen sind noch kälteempfindlicher als Gurken und erfordern eine Bestäubung. Wenn es keine weiblichen Blüten gibt, sondern nur männliche, ist es wahrscheinlich zu kalt. Eine Ursache für ausbleibende Früchte kann auch eine erfolglose Befruchtung sein. Es muss mindestens 18 °C haben, damit die weiblichen Blüten befruchtet werden können.

Schädlinge

Spinnmilben sind ein Problem. Die Blätter werden gelb gefleckt, trocknen aus und fallen ab (siehe Gurken, Seite 78).

Schnecken fühlen sich zwischen den dichten, feuchten Blättern sehr wohl. Sie fressen Löcher in die Blätter und können hoch auf die Pflanze hinaufkriechen. Glänzende Schleimspuren auf Blättern und Stängeln beweisen Ihnen, dass sie da waren. Suchen und sammeln Sie sie an feuchten Abenden und Morgen ein. Besonders wichtig ist das, wenn man die Pflanzen auf dem Boden liegend anbaut.

Machen Sie eine Schneckenfalle aus einem umgedrehten Blumentopf mit einer halben Kartoffel oder anderen Gemüseresten darin, die regelmäßig geleert wird. Fallen mit Schneckenkorn zwischen den Blättern können auch helfen. Der Wirkstoff Eisen(III)-phosphat ist auch im Bioanbau zugelassen. Größere Tiere wie Kröten, Igel und Katzen können an heißen Sommertagen im üppigen Grün Schatten und Feuchtigkeit suchen. Sie richten aber keinen Schaden an und werden vom Schneckenkorn nicht beeinträchtigt.

Pilzerkrankungen

Die vielen großen Blätter und der dichte Bewuchs bewirken, dass es um die Pflanzen feucht ist. Da sie empfindlich gegen Trockenheit sind und dünne Wurzeln haben, muss man sie oft gießen. Das bringt mit sich, dass Pilze wie Grauschimmel sich dort wohl fühlen. Entfernen Sie befallene Pflanzenteile sofort, halten Sie den Grund sauber und möglichst luftig, pflanzen Sie nicht zu dicht und gießen Sie niemals abends.

KAPSTACHELBEEREN, ANANASKIRSCHEN UND TOMATILLO

Kapstachelbeeren, Ananaskirschen und Tomatillo, alle aus der Gattung Physalis, sind nahe Verwandte der Lampionblumen, mehrjährige Zierpflanzen, die sich oft im Garten auswildern. Alle bekommen Früchte, die von einer papierähnlichen Hülle umgeben sind.

Bei der Lampionblume ist die Hülle groß und dekorativ orange, die Beere jedoch klein. Ananaskirsche und Kapstachelbeere haben größere Beeren in Gelborange, die Papierhülle ist nur ein dünner hellbrauner Schutz. Sie ähneln einander sehr und haben einen etwas süß sauren tomatenähnlichen Geschmack. Die Beeren gibt es oft in kleinen Schachteln in der Gemüseabteilung zu kaufen, man kann sie sehr einfach selbst anbauen.

Tomatillos bekommen stattdessen eine helle grünlich-violette Frucht, die so groß ist, dass die Papierhülle aufplatzt und zerreißt, wenn die Frucht zu reifen beginnt. Die Frucht hat die Größe einer Pflaumentomate, aber im Reifezustand eine grünlich-violette Farbe. Der Geschmack ist eine Mischung zwischen Kiwi, Melone und Tomate. Sie werden unter anderem in der mexikanischen Küche für „Salsa Verde" verwendet und in den Rezepten fälschlich als grüne Tomaten bezeichnet.

Kapstachelbeere und Ananaskirsche sind im Handel recht üblich. Man kann Pflanzen oder Samen kaufen und selbst Pflanzen daraus ziehen. Es gibt normalerweise keine Sorten zur Auswahl.

Tomatillo ist ungewöhnlicher und leicht als Pflanze zu finden. Wenn man sie anbauen will, muss man sie säen und Pflanzen ziehen, was sehr einfach ist. Es gibt ein paar Sorten, aber nicht viele.

Pflege

Ananaskirsche, Kapstachelbeere und Tomatillo sind gar nicht schwer zu züchten, aber sie brauchen einen etwas verlängerten Sommer. Wenn man will, kann man sie während des Hochsommers wunderbar nach draußen stellen, aber sie sollten im Gewächshaus starten. Die gekauften oder gezogenen Pflanzen werden im Gewächshaus in große Töpfe oder in die Erde gesetzt. Sie wachsen als kräftige Büsche und mögen Sonne und Wärme. Gießen Sie regelmäßig, geben Sie Dünger und halten Sie das Umfeld der Pflanzen sauber. Draußen sollten sie sonnig und geschützt stehen. Sie können etwas fragil sein, besonders die Tomatillo. Stellen Sie sie gegen ein Spalier oder binden Sie die Pflanzen wie Paprika auf. Tomatillo produziert ziemlich schwere Früchte. Sie sitzen zwar einzeln, werden aber dennoch so schwer, dass die Zweige bis auf den Boden hängen.

Ernte

Die Früchte werden nach und nach geerntet, man muss austesten, ob sie reif sind. Kapstachelbeeren und Ananaskirschen sollen eine ziemlich intensive orange Farbe haben. Tomatillo sollten hell grünlich-violett und etwas süßlich im Geschmack sein. Die ganze Hülle soll richtig aufgeplatzt sein und die Frucht weit aus der kaputten Hülle herausragen. Die Früchte fallen recht leicht ab, sodass man oft ernten muss, sonst liegen sie am Boden. Kapstachelbeere und Ananaskirsche halten sich geerntet gut, sie können nachreifen und gekühlt mehrere Wochen lang aufbewahrt werden. Tomatillo, die größer ist, hält sich nicht ganz so lange, kann aber etwas nachreifen.

Probleme

Alle sind leicht zu züchtende Pflanzen, die jedoch vergilbende Blätter aufweisen können. Kälte, Wasser- und Nährstoffmangel können die Ursache sein. Sie brauchen viel Sonne und Wärme. In einem kalten, regnerischen Sommer wachsen sie schlecht und tragen nur wenige Früchte. Sie säen sich sehr leicht aus, die Samen überwintern und keimen ohne Probleme, besonders die Kapstachelbeere.

Schädlinge

Weiße Fliegen sind bei diesen dünnblättrigen und dichten Pflanzen, die viel Wasser bekommen, immer unangenehm. Kontrollieren Sie die Blätter regelmäßig an den Ober- und Unterseiten auf Befall. Bei starkem Befall kann man gerade im Gewächshaus einen Versuch mit speziellen Schlupfwespen (Encarsia) versuchen, die bei Nützlingszüchtern bestellt werden können.

Wenn die Pflanzen in Töpfen stehen, sollte man sie aus dem Gewächshaus nach draußen stellen, bevor sich die Schädlinge auf andere Pflanzen verbreiten.

Schnecken sind ebenfalls ein Problem. Sammeln Sie sie und streuen Sie regelmäßig Schneckenkorn.

Pilzerkrankungen

Die Blätter können welken und von Grauschimmel befallen werden. Entfernen Sie alle befallenen Pflanzenteile sofort und werfen Sie sie weg. Sorgen Sie dafür, dass die Pflanzen luftig stehen, sie wachsen dicht und haben viele Blätter.

GEMÜSEPFLANZEN ZUM AUSPFLANZEN

Das Vorziehen von Pflanzen im Gewächshaus gelingt leicht. Heute bauen wir an, um selbst gezogenes Gemüse zu genießen, das uns Gesundheit und Wohlbefinden verspricht. Statt schwerer Arbeit draußen nutzen wir das Gewächshaus als Hilfsmittel für größere Ernten.

Viele Menschen legen heute Wert auf gutes, giftfreies und frisches Gemüse, weil es die Lebensqualität erhöht. Es gibt deshalb ein erhöhtes Interesse am Eigenanbau. Im Gewächshaus hat man die Möglichkeit, Pflanzen aller Arten vorzuziehen, seien es Blumen oder Gemüse.

Wenn man Pflanzen vorkultiviert, hat man es beim Jäten und bei der Pflege leichter. Man kann auch die Beetflächen besser planen und nutzen. Außerdem entfällt so eine ganze Menge Unkrautjäten, und die Ernten werden früher reif und sind ergiebiger.

Die beste Art, langweiliges Unkrautjäten zu vermeiden, ist, Pflanzen vorzuziehen und sie in ein Gemüsebeet zu setzen, das bereits gereinigt ist. Das Schwierige am Jäten im Frühling ist normalerweise zu wissen, was Unkraut ist und was nicht, und zwischen den angebauten Pflanzen zu jäten. Das muss man nicht, wenn man Pflanzen in ein bereits gesäubertes Beet setzt. Wenn man das Unkraut im Frühling draußen im Beet zunächst wachsen lässt, kann man alles entfernen, bevor das Gemüse hineinkommt. Weil es dort noch nichts gibt, auf das man achtgeben muss, kann man größere Gerätschaften wie Harke, Schuffel und Hacke effektiv und schnell auf der ganzen Erdfläche einsetzen.

Beginnen Sie schon im Vorfrühling, das Gemüsebeet in Ordnung zu bringen. Unkrautsamen sowie die mehrjährigen Unkrautpflanzen sind schon in der Erde. Sie sprießen im Allgemeinen weit früher als das angesäte Gemüse. Harken Sie die Erde so früh wie möglich, dann kommen mehr Samen an die Oberfläche und keimen. Diese kann man ein paar Wochen später jäten. Wenn es trocken ist, wie oft im Vorfrühling, kann man gießen, um mehr Samen zum Keimen zu bringen. Wenn das Unkraut wächst, kann man mit einer Hacke über die ganze Fläche gehen und alles Grün lose hacken. Tun Sie das an einem sonnigen Tag und lassen Sie das Unkraut bis zum nächsten Tag trocknen. Dann wiederholt man dies ein oder mehrere Male.

In einer völlig unbenutzten Erde kann man eine Erdfräse verwenden, um die Fläche zu reinigen. Leider kommt meistens trotzdem viel Unkraut, und der Anbau wird schwer. Wenn man ein neues Gemüsebeet anlegen will, kann man die Erdfläche fräsen, mit Zeitungspapier bedecken, Aufsatzrahmen darauf legen und dann die Aufsatzrahmen mit unkrautfreier Erde füllen. Währenddessen stehen die Gemüsepflanzen im Gewächshaus

Sowohl schnell wachsende Pflanzen wie Salat als auch zeitaufwändige wie Artischocken können aus Samen gezogen werden.

Anzuchtplatten fassen viele Pflanzen auf kleinem Raum.

und wachsen heran. Wenn man sie später auspflanzt, können Sie allmählich in die „richtige" Erde hinunter wachsen. Gleichzeitig erstickt man das Unkraut mit den Zeitungen und der Erde. Natürlich sind Wasser und Nährstoffe nötig.

Anzuchtplatten

Gemüsepflanzen kann man leicht in Anzuchtplatten vorkultivieren. Sie sehen aus wie dicke Plastiktabletts mit vielen kleinen Näpfen bzw. Zellen. In diese kleinen Pflanztöpfe füllt man Erde, wässert und sät.

Die Zellen sind klein, sie fassen nicht so viel Erde. Man braucht die Pflanzen nach dem Keimen nicht umzupflanzen. Sie beginnen ordentlich zu wachsen, und man stört sie nicht, indem man die Wurzeln beim Umtopfen losreißt. Sie werden direkt ins Gemüsebeet ausgepflanzt und können dort sofort weiter wachsen. Im Vergleich mit dem Vorziehen in Töpfen haben viel mehr kleine Pflanzen auf engem Raum Platz und man verbraucht weniger Material. Die Samen wachsen der vorgewärmten Erde im Gewächshaus besser und gleichmäßiger als im Boden. Es keimen mehr Samen und die Pflänzchen sind stärker, wenn sie zu wachsen beginnen, weil sie schneller ausgekeimt sind. Man kann sie etwas düngen, wenn die Samen gekeimt sind und die Keimblätter, die ersten beiden Blätter, gewachsen sind.

SO WIRD'S GEMACHT – GEMÜSEANBAU

- Gemüsepflanzen kann man einfach in Anzuchtplatten vorziehen. Es gibt verschiedene Modelle mit Tablett, Deckel und Schieber. In die Pflanzzellen füllt man Anzuchterde, die recht fest angedrückt werden sollte.
- Dann wässert man die ganze Schale reichlich. Wenn die Erde sehr zusammensinkt, füllt man noch etwas auf und wässert erneut.
- Normalerweise sät man im Haus oder im Gewächshaus. Säen Sie ein paar Samen in jede Zelle und bedecken Sie sie nach Anweisung auf dem Samentütchen. Eventuell den Deckel aufsetzen.
- Stellen Sie die Saat bei Zimmertemperatur auf. Sie muss nicht hell stehen, bevor sie zu sprießen beginnt, aber dann muss sie sofort ans Licht.
- Wenn die Samen gekeimt sind, schneidet oder zwickt man die schwächeren Pflanzen ab, sodass in jedem Loch nur eine Pflanze stehenbleibt.
- Lassen Sie die Pflanzen 2–3 Wochen anwachsen. Sie sind bereit zum Auspflanzen, wenn die Wurzeln die Erde in den Löchern zusammenhalten und diese sich mit der Pflanze herausziehen lässt.

- Wenn man in Anzuchterde gesät hat, befinden sich darin fast keine Nährstoffe. Wenn die Pflanzen in den Zellen gut angewachsen sind, sollte man bei jedem Gießen eine schwache Nährstofflösung zufügen. Am besten steht die Anzuchtplatte auf einem Tablett, sodass man direkt auf das Tablett gießen und die Erde das Wasser aufsaugen lassen kann.
- Manche Arten von Anzuchtplatten werden mit Tablett, Deckel und einem speziellen Werkzeug verkauft, mit dem man die Erdballen aus den Zellen herausdrücken kann. Hat man keinen solchen Schieber, geht auch ein stumpfes Stöckchenende.
- Man darf nie an den Pflanzen ziehen, um sie herauszulösen. Legen Sie die Platte auf die Seite und drücken Sie die Zellen mit den Fingern heraus, wenn sie sehr stramm sitzen.
- Wenn man nicht in Anzuchtplatten investieren will, eignen sich kleine Töpfe in Minitreibhäusern genauso gut.
- Viele Gemüsesorten eignen sich auch für die Breitsaat in Kisten (siehe Seiten 57 f.), aber keine Wurzelgemüse wie Karotten und Rote Bete.

Die meisten Anzuchtplatten sind so konstruiert, dass die Wurzeln, wenn sie den Boden erreicht haben, nicht durch Löcher in den Untergrund herauswachsen können. So verbleiben mehr Wurzeln im Erdklumpen selbst, sie wachsen nicht in den Filzstoff, Sand oder Kies hinein, auf dem ein Topf stehen würde.

Der Nachteil ist, dass man die Pflänzchen nicht zu lange in der Anzuchtplatte lassen kann. In jeder Zelle ist so wenig Erde, dass die Wurzeln in Kreisen weiterwachsen, wenn sie nicht früh genug ausgepflanzt werden. Dann bleiben die Pflänzchen im Wachstum stehen und können nur schwer weiterwachsen, wenn sie in die Erde ausgepflanzt werden.

Auspflanzen

Wenn die Pflanzen ein paar Zentimeter groß sind, pflanzt man sie aus. Wenn sie im Topf stehen, kann man sie normalerweise noch etwa eine Woche länger stehen lassen als in der Anzuchtplatte. Wenn es ein Frühling mit extrem schlechtem Wetter ist, kann man die Pflanzen aus der Anzuchtplatte zum Weiterwachsen in größere Töpfe setzen, bis das Wetter besser wird. Vor dem Auspflanzen sollten sie etwa eine Woche lang abgehärtet werden. Sie können sie in der letzten Woche immer wieder hinein und hinaus stellen.

Beim Einsetzen ins Beet kann man die Erde um jede Pflanze nach Bedarf verbessern und Langzeitdünger untermischen. Eine kleine Vertiefung um jede Pflanze erleichtert das Gießen. Wässern Sie die Pflanzen mit der Gießkanne ohne Brausemundstück einzeln an. Tun Sie das auch, wenn die Erde feucht ist und sich dicht um den Wurzelklumpen schließt. Der Wurzelklumpen darf dabei aber nicht an die Erdoberfläche aufgeschwemmt werden, sonst trocknet er sehr schnell aus.

Wenn alle Pflanzen gesetzt und gewässert sind, kann man sie mit auf Draht- oder Kunststoffbögen gespann-

1. Säen Sie die Samen direkt in das mit Erde gefüllte Loch, die „Zelle".
2. Es gibt verschiedene Typen und Größen von Anzuchtplatten.
3. Wenn die Wurzeln die Erde zusammenhalten, ist es Zeit zum Aussetzen.
4. Drücken Sie die Zellen vom Boden her mit dem mitgelieferten Werkzeug oder einem Stab in passender Größe heraus.

Pflanzen aus Anzuchtplatten, hier Mangold, können sofort im richtigen Abstand ausgepflanzt werden.

GEEIGNETES GEMÜSE ZUR VOR-KULTUR IN ANZUCHTPLATTEN

Zwiebeln, *Allium cepa*
Frühlingszwiebeln, *Allium fistulosum*
Lauch, *Allium porrum*
Dill, *Anethum graveolens*
Gartenmelde, *Atriplex*
Sellerie, *Apium graveolens*
Mangold, *Beta vulgaris*
Blumenkohl, *Brassica*
Broccoli, *Brassica*
Rosenkohl, *Brassica*
Rotkohl, *Brassica*
Spitzkohl, *Brassica*
Weißkohl, *Brassica*
Mizuna, *Brassica*
Artischocke, *Cynara*
Rucola, *Diplotaxis tenuifolia, Eruca*
Salat, *Lactuca*
Basilikum, *Ocimum basilicum*
Petersilie, *Petroselinum crispum*
Bohnen, *Phaseolus vulgaris*
Erbsen, *Pisum sativum*
Portulak, *Portulaca*
Spinat, *Spinacia oleracea*
Ackerbohnen, *Vicia faba*

tem Gartenvlies abdecken, um noch bessere Resultate zu erzielen. Das Gartenvlies hält über Nacht etwas die Wärme und schützt tagsüber gegen die starke Sonne. Es schützt auch gegen Angriffe des Kohlweißlings und anderer fliegender Insekten, aber dann muss es den größten Teil des Sommers auf dem Beet bleiben.

Eine andere gute Alternative für Anzuchtplatten sind Frühbeete (siehe Seiten 95 f.). Die Pflanzen aus den Platten können statt ins Freiland auch ins Gewächshaus ausgepflanzt werden, um eine besonders frühe Ernte von jungem Gemüse zu bekommen.

Wurzelgemüse

Pflanzen wie Karotte und Rote Bete, die man züchtet, damit sie gute Wurzeln bilden, können auch in Anzuchtplatten angezogen werden. Bei Radieschen lohnt sich die Vorkultur jedoch nicht, sie wachsen ohnehin so schnell. Man kann die Wurzelgemüse nicht auf die normale Art im Topf vorziehen, weil man sonst die

Wurzeln abreißt, wenn man die Pflänzchen umsetzt. Beim Aussetzen aus den Zellen dagegen können die Wurzeln im Beet in aller Ruhe weiter wachsen. Der Trick ist, die Erde genau zur richtigen Festigkeit zusammenzudrücken. Sie soll zusammenhalten, aber nicht so hart sein, dass die Wurzeln nicht hindurch wachsen können. Das erfordert etwas Übung.

Hierbei ist es extrem wichtig, nur eine Pflanze in jeder Zelle zu haben. Wachsen mehrere Pflanzen pro Zelle, schneidet man alle außer der kräftigsten mit einer Nagelschere ab, um den Wurzeln nicht zu schaden.

Kräuter

Kräuter, die man oft verwendet, sind beispielsweise Petersilie, Schnittlauch und Dill. Manche sind schwierig zum Keimen zu bringen. **Dill** hat es gern warm und wird leicht von Pilzerkrankungen befallen. Er eignet sich zur Saat in Anzuchtplatten und sollte dann an einen warmen, geschützten Ort ausgepflanzt werden. Man sät mehrere Samen in jede Zelle und setzt sie als kleine Büschel aus. **Petersilie** keimt elendig langsam und muss oft mit dem Unkraut konkurrieren. Das Jäten ist schwierig, wenn man nicht sieht, wo die Reihe verläuft, weil die Saat so langsam keimt. Wenn man in Anzuchtplatten sät, ist man dieses Problem los. Der Vorteil am Säen in Anzuchtplatten ist auch, dass die Saat nicht so viel Platz wegnimmt, wenn sie vor dem Auspflanzen so lange stehen muss. **Basilikum** ist eine extrem wärmebedürftige Pflanze. Im Gewächshaus hat man wirklich Freude daran. Für etwas größere Ernten für Pesto säen Sie es im Haus in Anzuchtplatten und pflanzen Sie es dann ins Gewächshaus und in Frühbeete. Auch mehrjährige Pflanzen können vor dem Auspflanzen in Anzuchtplatten gesät werden. Pflanzen wie **Salbei, Thymian und Rosmarin** können mit Samen vermehrt werden und sind nicht so anspruchsvoll, was Erde und Dünger angeht. Sie können in Anzuchtplatten vorkultiviert werden, bis sie 4–5 cm hoch und groß genug sind, um in ein sonniges Kräuterbeet ausgepflanzt zu werden.

Normale Töpfe

Viele kräftige Pflanzen eignen sich überhaupt nicht für den Anbau in Anzuchtplatten. Pflanzen wie Melone, Gurke, Kürbis, Zucchini, Peperoni, Paprika, Kapstachelbeere, Artischocke, Cardy (Gemüse-Artischocke) und Mais brauchen größere Töpfe und eine lange Vorkultur. Alle Gurkengewächse sät man direkt in große Töpfe, die übrigen kann man wie Blumen unterschiedlicher Sorten säen und pikieren.

Sommerblumen in Hülle und Fülle

Pflanzen wie Astern, Ringelblumen, Bunte Wucherblumen, Löwenmäuler und Bechermalven lassen sich sehr gut in Anzuchtplatten vorkultivieren. Auf diese Weise brauchen die vielen Pflanzen nicht so viel Platz. Pflanzen Sie sie ins Gemüsebeet oder in Rabatten, wenn sie mit 3–5 cm Höhe groß genug sind. Saat und Anbau verläuft genau wie bei Gemüsepflanzen.

1. Frisch angesäte Anzuchtplatten
2. Zwiebeln, Lauch und Schnittlauch eignen sich zur frühen Saat und Auspflanzung.
3. Ziehen Sie Kürbisse und Zucchini für frühe Ernten vor, sie wachsen drinnen bedeutend schneller.
4. Noch ein paar Blumen fürs Gemüsebeet

FRÜHE ERNTEN IM GEWÄCHSHAUS

Auch wenn die Nächte kalt sind, erwärmen sich Luft und Erde im Gewächshaus schneller als draußen. Wenn man die Gewächshauswärme ausnutzt, kann man leicht anzubauendes Frühlingsgemüse mehrere Wochen früher ernten. Man bekommt so keine großen Mengen, aber schmackhafte Delikatessen.

Man sät im Haus in warme Anzuchterde und lässt die Saat drinnen keimen. Dann nutzt man die wärmere Erde des Gewächshauses und setzt die Pflänzchen im Vorfrühling dort ein. Bei günstigem Frühlingswetter können die Ergebnisse Ihre Erwartungen übertreffen.

Frühlingsgemüse

Die Pflanzen, die sich für frühe Saat und Ernte eignen, sind die gewöhnlichsten und damit auch billig als Samen zu kaufen. Pflücksalat, Rucola, Spinat, Sauerampfer und Radieschen sind als junges Frühlingsgemüse sehr lecker. Ein gekaufter Eisbergsalat kann sehr gut mit frischem Grünzeug aus dem Gewächshaus verfeinert werden. Frühlingszwiebeln kann man auch früh säen, die Blätter haben einen milden Zwiebelgeschmack, egal wie zart sie noch sind. Salatblätter kann man vorsichtig einzeln pflücken und die Pflanzen weiter wachsen lassen. Ziemlich bald hat man reichlich Blätter zu ernten, wenn das Wetter mitspielt. Mit viel Sonne wächst alles in Rekordzeit, wenn es kalt ist, bleibt es ruhiger.

Wenn es dann Zeit wird, im Gewächshaus Tomaten und Gurken auf den Platz zu pflanzen, an dem der Salat gestanden hat, kann man draußen neuen Salat aussäen. Wenn Sie möchten, können Sie auch gut neue Salatpflanzen zwischen die größeren Pflanzen ins Gewächshaus setzen. Man muss nur alles von Pflanzenresten und Müll sauber halten und Schnecken einsammeln.

Saat

Die Aussaat für frühe Ernten macht man ganz normal in Topf oder Kiste. Salat, Spinat, Zwiebeln und Radieschen brauchen nur 5–7 °C um zu keimen. Bei etwas höherer Temperatur keimen sie schneller, aber Zimmertemperatur ist bereits zu warm. Danach setzt man die Pflanzen in kleine Töpfe im Gewächshaus um und weiter nach draußen in Beete oder größere Töpfe. Die Nächte sollten am besten frostfrei sein, wenn man mit dem Anbau beginnt.

Eine Variante ist auch, in größere flache Kisten mit ca. 10 cm hohen Rändern zu säen. Füllen Sie die Kiste mit Erde und drücken Sie sie fest, besonders in den Ecken. Füllen Sie sie bis ein Zentimeter unter dem Rand mit Erde auf. Säen Sie in Anzuchterde, und wenn die Pflanzen später ein paar Zentimeter hoch sind, gießt man mit nährstoffreichem Wasser. Säen Sie sehr dünn und

Früh gesäter Salat und Rucola stehen zwischen den Gurken und können nach und nach geerntet werden. Genauso Dill (rechts), der draußen oft von Krankheiten befallen wird.

Oben: Frühe Saat im Haus (links) schafft Pflanzen, die man früh ins Gewächshaus stellen kann (rechts).
Unten: Geeignet ist Salat (links), der schnell wächst, genau wie Radieschen (rechts).

bedecken Sie die Saat nach Packungsanweisung. Gießen Sie die Kiste oder die Töpfe mit lauwarmem Wasser aus einer Gießkanne mit Brauseaufsatz. Lassen Sie die Saaten keimen und in derselben Kiste weiterwachsen.

Auf diese Art kann man den ganzen Anbau in der Kiste durchführen und anschließend Erde und Pflanzenreste einfach auf den Kompost kippen.

Eine weitere Alternative ist, in Anzuchtplatten zu säen und dann die Pflanzen aus den Zellen in Bodenbeete im Gewächshaus umzupflanzen. Pflanzkisten aus Aufsatzrahmen auf dem Boden sind ideal für solch einen frühen Anbau. Füllen Sie die Kisten im Gewächshaus bereits im Herbst mit Komposterde, bedecken Sie sie mit Stroh oder trockenem Laub als Schutz gegen die Kälte.

Wenn dann der Frühling kommt, entfernt man das Deckmaterial, sodass die Sonne die Bodenfläche erwärmen kann. Dann füllt man eventuell mit zimmerwarmer Erde auf, gießt und sät im Gewächshaus. Wenn es Zeit wird, im Gewächshaus Platz für Gurken und Tomaten zu schaffen, kann man sowohl Aufsatzrahmen als auch Erde herausholen und im Garten verwenden.

Das gewisse Extra

Es gibt noch weitere Pflanzen, die für eine frühere Ernte im Gewächshaus angebaut werden können. In Deutschland kann man Gartenbohnen und Erbsen für frühe Ernten im Gewächshaus kultivieren. Sie wachsen schnell und leicht um Schnüre, die an der Decke festgebunden werden. Säen Sie die Samen einzeln in etwas größere Töpfe und pflanzen Sie sie hinterher ins Bodenbeet aus, wenn die Erde warm genug ist. Das Gleiche gilt für Zuckererbsen.

Auch Dill, Basilikum und andere Kräuter sind leicht zu bekommen und anzubauen. Artischocken brauchen bei eigener Aussaat lange bis zur Ernte, aber die ist dann reichlich. Je nach Wohnort sollte man sie zum späteren Auspflanzen im Gewächshaus aussäen und vorkultivieren oder im Topf im Gewächshaus lassen.

Oben: Kartoffeln beim Vorkeimen (links) und vorgekeimte Kartoffeln, die in Eimer gepflanzt wurden (rechts).
Unten: Die Kartoffeln wachsen und werden mit mehr Erde bedeckt (links) und Ernte der neuen Kartoffeln (rechts).

Kartoffeln vorkeimen

Das Gewächshaus ist vergleichsweise warm und hell, ein ausgezeichneter Platz zum Vorkeimen von Kartoffeln. Die beste Art ist, sie auf Erde zu legen. Billige Pflanzerde reicht völlig aus. Legen Sie die Kartoffeln auf eine 5–10 cm dicke Schicht feuchte Erde und stellen Sie sie zum Vorkeimen an einen hellen und am besten kühlen Platz. Wenn es Zeit ist, die Kartoffeln zu setzen, hat man kräftige Pflanzen mit Wurzeln und schönen grünen Keimen. Diese werden wachsen und weit früher Ernten bringen als ungekeimte Kartoffeln.

Das ist besonders vorteilhaft, weil sich in den letzten Jahren das Risiko für Kartoffelmehltau erhöht hat. Er befällt zunächst das Kartoffelkraut, das verwelkt. Anschließend greift der Pilz auf die Stängel über und dehnt sich bis zu den Kartoffeln aus. Das wird dann Braunfäule genannt und macht die Kartoffel ungenießbar. Es ist daher von Vorteil, wenn die Kartoffeln schnell wachsen, und das tun sie, wenn sie vorgekeimt sind.

Kartoffeln im Eimer kultivieren

Man kann Kartoffeln gut in einem oder mehreren Eimern anbauen. Wenn man sie erst vorkeimt und dann in Eimer pflanzt, bekommt man früh reiche Ernten. Kaufen Sie eine frühe und schnelle Sorte kontrollierter Saatkartoffeln. Keimen Sie sie wie beschrieben vor.

Die gekeimten Kartoffeln werden in einen Eimer gelegt, dessen Boden 10 cm mit Erde bedeckt ist. Bedecken Sie die Kartoffeln mit Erde, aber nicht mit mehr. Gießen Sie und gießen Sie wieder, wenn die Erde im Eimer getrocknet ist. Stellen Sie den Eimer ins Gewächshaus. Wenn allmählich das Kraut heranwächst, füllt man mit mehr Erde auf, bis der Eimer voll ist. Ernten Sie, wenn die Pflanzen blühen. Man muss nur den Eimer ausleeren und bekommt einen ganzen Topf voller glatter, schöner Kartoffeln, die man kaum abwaschen muss.

KLIMAFREUNDLICHE FRÜHBEETE

„In einer Jahreszeit, in der die Kälte Alleinherrscher über das Pflanzenreich ist, können wir mit einfachen Mitteln die herrlichste Gemüseernte bekommen". So blumig werden Frühbeete in einer Schrift vom Anfang der 1920er Jahre beschrieben.

Heute sind Frühbeete nicht mehr so verbreitet, was schade ist, weil es sich um eine klimafreundliche Alternative zu Gewächshäusern handelt, die sich sowohl für kleine, begrenzte Flächen wie einen Innenhof oder Schrebergarten als auch als Ergänzung zum Gewächshaus eignet. Die Investition ist nicht groß, auch wenn es schicke Alternativen gibt. Man kann sie aus einer Pflanzkiste aus Aufsatzrahmen oder als vor Ort errichtete Pflanzkiste leicht selber bauen.

Kaltes oder warmes Frühbeet

Ein Frühbeet ist eine einfache Kiste, meistens aus Holz, mit durchsichtigem Deckel und schrägen Seiten, die 30–60 cm hoch sind. Es hat keinen Boden, sondern ist zum Grund hin offen. Der Deckel ist ein Fenster aus Glas oder Plastik. Das Luftvolumen ist klein, und es braucht nicht viel Energie, um es aufzuwärmen. Traditionell können Frühbeete warm oder kalt betrieben werden.

Ein warmes Frühbeet wurde früher mit einer Mischung aus Pferdedung und Stroh gewärmt, die zusammen kompostiert wurden. Beim Kompostieren wird Wärme und zusätzlich Kohlendioxid freigesetzt, das die Pflanzen brauchen. Heute können Frühbeete mit elektrischen Heizschlangen derselben Art aufgewärmt werden, wie sie bei Fußbodenheizungen verwendet werden.

Ein kaltes Frühbeet ist eine Anbaukiste ohne Wärmezufuhr von unten. Hier wärmt die Sonne die Erde durch das Glas hindurch auf. Das geht bedeutend schneller, als den freien Erdboden außerhalb des Frühbeets aufzuwärmen.

Altmodische Methode

Ein richtig traditionelles Frühbeet wird im Herbst gebaut und angelegt, bevor die Kälte und der Bodenfrost kommen. Eine sinnvollere Variante für den heutigen Gebrauch ist ein einfaches „Mogel-Frühbeet" (siehe Seite 96). Obwohl es einfach ist, kann man viel Freude damit haben, wenn der Platz im Gewächshaus nicht ausreicht und man früh leckeres Gemüse ernten möchte.

Außerdem ist das erhöhte Frühbeet im Vergleich mit normalen Gemüsebeeten einfacher zu bepflanzen, man muss sich nicht ganz so tief herunterbeugen. Man kann so einen rollstuhlfreundlichen Garten anlegen, indem man erhöhte Beete verwendet.

Die einfachste und schnellste Art ist, einen Frühbeetrahmen mit Fenster aus Stegplatten zu kaufen oder zu bauen (siehe Seite 99).

Links: Ein einfaches Frühbeet aus Aufsatzrahmen schafft mehr Anbaumöglichkeiten. Unten: Der Deckel wird während des Sommers abgenommen.

SO WIRD'S GEMACHT – EIN EINFACHES FRÜHBEET

- Legen Sie schon im Herbst den Rahmen an den gewählten Platz. Füllen Sie den ganzen Rahmen mit trockenem Laub, Matten aus Mineralwolle oder anderem isolierenden Material und legen Sie den Deckel darauf. Das verhindert, dass die Erde im Winter zu tief einfriert.
- Wenn die Tage im Frühling länger hell bleiben, kaufen Sie Pflanzerde im Sack. Lassen Sie sie drinnen stehen und ein paar Tage durchwärmen. Entfernen Sie aus dem Rahmen das Isoliermaterial und füllen Sie ihn sofort bis 10 cm unter den Rand mit Erde. Legen Sie den Fensterdeckel auf. Setzen Sie ein Erdthermometer ein, wenn Sie wollen.
- Nach ein paar Tagen kann man kälteunempfindliche Pflanzen wie Salat, Radieschen und Spinat säen oder auch bereits Jungpflänzchen setzen.
- Bedecken Sie das Frühbeet nachts und nehmen Sie das Deckmaterial morgens wieder ab. Früher nutzte man dafür Strohmatten. Genauso gut sind Bambusrollos, mehrere Schichten dickes Gartenvlies oder spezielle plastikbeschichtete Isoliermatten. Das Wichtigste ist, dass sie nach Regen schnell trocknen oder gar nicht erst nass werden. Auf diese Weise wird die Wärme, die die Sonne tagsüber erzeugt, länger im Frühbeet gehalten. Die Erde kühlt auch nicht so stark ab.
- Das bisschen Luft, das zwischen Erde und Glasdeckel Platz hat, wird von der Sonne schnell aufgeheizt. Die Wärme darf aber noch nicht zu stark werden. Zum Lüften kann man Keile zwischen Rahmen und Fenster stecken. Die Öffnung variiert je nachdem, wie weit der Keil hineingeschoben wird und wie man ihn wendet.

AUF TRADITIONELLE ART

Beim richtig traditionellen Anbau öffnete und schloss man den Deckel tagsüber etappenweise mit dem wandernden Sonnenstand. Das ist schwer einzuhalten, wenn man nicht andauernd vor Ort ist, aber irgendeine Form von Steuerung morgens und abends ist nötig. Es gibt zum Beispiel Frühbeetfenster aus Stegplatten mit automatischen Öffnern, ungefähr wie die Lukenöffner, die am Dach eines Gewächshauses zu finden sind.

Ein klassisches Frühbeet ist 180 x 360 cm groß, mit drei Fenstern zu je 180 x 120 cm, oder 150 x 200 cm mit zwei Fenstern je 150 x 100 cm. Die Rahmen sind üblicherweise 20–22 cm hoch; es werden zwei oder mehrere aufeinander gestapelt. Der oberste Rahmen ist hinten höher und vorne niedriger, sodass der Deckel schräg aufliegt. Die Schräge wird nach Süden gerichtet, sodass das Maximum an Licht und Wärme in das Frühbeet einfällt. Wenn man sät und kleine Pflänzchen aussetzt, hat man zuerst nur einen oberen Rahmen. Wenn die Pflanzen dann größer geworden sind, legt man noch einen zusätzlich auf.

Natürlich kann man die Maße dem aktuellen Platz anpassen. Da man Scheiben aus Stegplatten als Fenster verwenden kann, ist man nicht darauf angewiesen,

sich auf eine bestimmten Fenstergröße zu fixieren. Man kann auch gebrauchte Fenster verwenden. Ein Tipp ist, besser mehrere kleine Fenster zu haben als ein großes. Wenn sie aus Glas sind, werden sie schwer, wenn sie aus Plastik sind, bleiben sie leicht. Andererseits können sie dann aber vom Wind erfasst und weggeweht werden. Plastikfenster können mit Scharnieren am Holzrahmen festgeschraubt werden. Frühbeete, die man fertig kauft, sind oft auf diese Art konstruiert.

Stroh und Stalldünger

Wenn man ein richtig traditionelles warmes Frühbeet machen will, erfordert das etwas mehr Arbeit. Normalerweise legt man bereits im Herbst ein Bett aus Stroh an. Es sollte breiter und länger sein als der Aufsatzrahmen, der darauf liegen soll.

Wenn dann der Frühling kommt, macht man einen Warmkompost, indem man das Stroh mit Pferdedung mit Urin oder Kuhdung und etwas Erde vermischt, sodass der Abbau beschleunigt wird. Je mehr grünes und stickstoffreiches Material man untermischen kann (wie Grasschnitt), desto besser. Auf das vorbereitete Bett legt man beispielsweise Aufsatzrahmen, 2 oder 3 Stück aufeinander, und gibt eine 20–30 cm dicke Erdschicht hinnein. Dann legt man den Glasdeckel auf und wartet ein paar Tage. Wenn der Kompost warm ist, wird die Erde warm, und man kann Pflanzen säen oder einsetzen. Der Abbau des Komposts gibt auch nachts Wärme ab.

Sommerernte

Im späteren Frühling – entweder, wenn man eine Fuhre Salat, Frühlingszwiebeln und Radieschen geerntet hat oder wenn man später anfängt – kann man das Frühbeet für den Anbau von wärmeliebenden Pflanzen wie Melone, Tomate und Gurke verwenden. Ein nach außen gefaltetes Metallblech um das Frühbeet schützt die Pflanzen vor Schnecken, die ein Problem sein können. Wenn die Pflanzen jung und die Frühsommernächte kalt sind, bedeckt man sie über Nacht. Während des Hochsommers können sie rund um die Uhr ohne Fenster offen stehen. Wenn der Herbst und der erste Frost kommen, bedeckt man sie wieder und kann auf diese Weise die Erntezeit verlängern. Empfindliche Pflanzen, die schwer zum Keimen zu bringen sind und warme, lockere Erde brauchen wie Dill und Bohnen, eignen sich auch für das Frühbeet.

Frühbeetanlage

In Kisten, Rahmen oder Aufsatzrahmen zu pflanzen, ist eine einfache Art des Anbaus. Wenn man jeden Sommer unkrautfreie Erde im Sack kauft und auffüllt, muss man kein Unkraut jäten. Es ist leicht, die lockere Erde zu gießen, und die Pflanzen wachsen gut. Da die Anbaufläche erhöht liegt, ist es einfacher heranzukommen. Dankbar für den Anbau sind beispielsweise Erdbeeren, die sonst viel Arbeit erfordern. Vorgekeimte Kartoffeln können ins Frühbeet gesetzt und früh geerntet werden. Nach der Ernte kann man Salat oder ein anderes schnell wachsendes Gemüse in derselben Erde anbauen. Kräuter können auch in solchen Rahmen gesammelt werden.

Man kann mehrere Rahmen oder Frühbeete zusammen legen und den Boden zwischen ihnen mit Platten bedecken. So entsteht eine leicht zu pflegende Anbaufläche, in der die Wärme während der Nacht bestehen bleibt. Füllen Sie jeden Frühling neue, frische Erde nach und bauen sie nicht jedes Jahr im selben Kasten die gleichen Pflanzen an. Mehrere Frühbeete bilden eine Frühbeetanlage, die gut zum Gewächshaus passt.

1. Traditionelles Frühbeet mit alten Fenstern als Deckel
2. Ein Spalier an der Rückseite als Pflanzenstütze
3. Die Metallbleche halten Schnecken fern.
4. Gartenvlies schützt und spendet Wärme.

ZUR VORKULTUR UND ZUM ANBAU IN FRÜHBEETEN GEEIGNET

Sellerie, *Apium graveolens*

Mangold, *Beta vulgaris*

Kohlpflanzen wie Blumenkohl und Broccoli, *Brassica*

Melone, *Cucumis melo*

Traubengurke, Einlegegurke, *Cucumis sativus*

Zucchini, Sommerkürbis, *Cucurbita*

Kerbel, einjährig, *Anthriscus cerefolium*

Salat, *Lactuca*

Ananaskirsche, Kapstachelbeere, Tomatillo, *Physalis*

Basilikum, *Ocimum basilicum*

Kartoffel, *Solanum tuberosum*, zuvor an hellem Ort auf Erde 4-6 Wochen vorkeimen

Strauchtomate, *Solanum lycopersicum*

Spinat, *Spinacia oleracea*

GEEIGNET ZUR DIREKTSAAT UND FRÜHEN ERNTE IM FRÜHBEET

Zwiebel, aus Setzzwiebeln oder Samen, *Allium*

Frühlingszwiebel, *Allium fistulosum*

Dill, *Anethum graveolens*

Rote Bete, *Beta vulgaris*

Koriander, *Coriandrum sativum*

Karotte, *Daucus carota ssp. sativus*

Rucola, *Diplotaxis tenuifolia, Eruca*

Salat, *Lactuca*

Zuckererbse, *Pisum sativum*

Radieschen, *Raphanus sativus*

Spinat, *Spinacia oleracea*

Gartenvlies und Tunnel

Die Idee ist bei **Pflanzentunneln** die gleiche: Man deckt die Erde mit einer Hülle ab, damit die Wärme darin gespeichert wird. Es gibt mehr oder weniger aufwendige Konstruktionen. Eine einfache Hobbyvariante ist, Kabelschlauch oder Stahlfedern in Bögen über mehrere aneinander gereihte Aufsatzrahmen zu spannen. Aufsatzrahmen sind meist 80–120 cm lang. Setzen Sie mehrere Bögen nebeneinander an jede Aufsatzrahmenfuge sowie an Anfang und Ende des geplanten Tunnels. Bedecken Sie diese mit einer breiten weißen oder durchsichtigen Plastikplane oder weißem Gartenvlies, sodass ein längliches Tunnelzelt entsteht.

Stellen Sie das Tunnelzelt ein paar Wochen vor der Saat auf, sodass die Erde vorgewärmt wird. Ziehen Sie das Vlies / die Plane zur Seite und jäten Sie alles Unkraut. Ebnen Sie die Erde, säen und gießen Sie wie gewohnt. Dann das Vlies wieder darüberbreiten und gut befestigen. Sandsäcke, Steine oder Häringe eignen sich dafür gut. Man kann auch vorkultivierte Pflanzen oder Pflanzen aus Anzuchtplatten unter das Vlies setzen.

Das **Gartenvlies** schützt auch gegen fliegende Schädlinge wie Kohlmotten und Möhrenfliegen. Dazu muss es über den Pflanzen während eines Großteils des Sommers aufgespannt bleiben.

Gartenvlies kann auch auf Frühbeetrahmen (siehe Seite 99) montiert werden. Halterungen für die Rohre/ Stangen werden am Holzrahmen festgeschraubt, anschließend kann man das Gartenvlies darüber spannen.

Wenn man Probleme mit Rehen, Fasanen, Hasen, Kaninchen oder frei laufenden Katzen hat, kann man auch Vogelnetze über die Bögen spannen, um die Pflanzen vor diesen Schädlingen zu schützen. Viele finden es schön, auf der warmen Frühbeeterde zu liegen.

Versetzbare „Hauszelte" aus Rahmen und Plastikfolie, die man über bestimmte Pflanzen stellen kann, sind ebenfalls eine Variante. Für Strauchtomaten kann ein offenes Zelt aus Plastik perfekt sein, wenn der Anbaustandort sonst offen und windig ist.

Frühe Erdbeerernte

Erdbeeren sind mehrjährig. Sie werden in einen Frühbeetrahmen gepflanzt und im Winter und Vorfrühling mit Glas abgedeckt, damit sie früh blühen. Während der Blütezeit nehmen Sie das Deckmaterial ab und lassen Insekten zum Bestäuben herein, dann während der Reifezeit als Schutz gegen Schädlinge und zur Beschleunigung mit Gartenvlies bedecken.

Im Gewächshaus können Erdbeerpflanzen entweder in große Töpfe oder in die Bodenerde gepflanzt werden. Wichtig ist, dass man sie selbst befruchten muss, wenn die Pflanzen früh blühen. Wenn es zu kalt ist, sind noch keine Bienen unterwegs, und dann gibt es keine Früchte. Tupfen Sie zur Sicherheit leicht mit einem feinen Pinsel (Künstlerbedarf) in die Blüten.

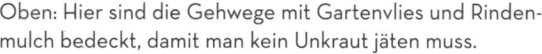

Oben: Hier sind die Gehwege mit Gartenvlies und Rindenmulch bedeckt, damit man kein Unkraut jäten muss.

Oben und unten: Als Ränder um die Beete eignen sich
Aufsatzrahmen wunderbar. Füllen Sie Komposterde und
als oberste Schicht gekaufte Erde ein, um Unkrautwachstum
zu unterdrücken. Bögen aus Kabelrohren oder Stahlfedern
schaffen die Möglichkeit zum Abdecken.

Rechts oben: Wird komplett als Bausatz verkauft: Aufsatzrahmen als Frühbeet. Dazu gehören Fenster, die man zum
Lüften öffnen kann. Funktioniert auch auf dem Balkon gut.

Rechts Mitte und unten: Abdeckungen aus Plastik und
Gartenvlies halten die Wärme. Gartenvlies schützt auch
vor Schädlingen, bei zu starker Sonne hilft ein Schattennetz.

GANZJÄHRIG BLÜHENDE GEWÄCHSHÄUSER

Wenn das Gewächshaus eine grünende, duftende und blühende Oase sein soll, braucht man Pflanzen. Einfach zu pflegen sind große Töpfe, die nach Bedarf umgestellt werden können. Dann kann man Platz für Tische und Stühle schaffen, je nachdem, wie viele Leute ins Gewächshaus passen sollen.

Wenn das Gewächshaus auch im Winter ein angenehmer Ort voller schöner Pflanzen sein soll, sind sowohl Beheizung als auch Beleuchtung nötig. Gibt man sich damit zufrieden, das Gewächshaus während der warmen Jahreszeit aktiv zu nutzen, muss es nur soweit beheizt werden, dass die nicht winterharten Pflanzen darin überleben.

Wenn man alle möglichen Pflanzen von winterharten Kletterpflanzen bis zu empfindlichen Topfpflanzen verwendet, kann man im Gewächshaus ganzjährig eine blühende und gemütliche Umgebung schaffen. Keine Pflanze ist das ganze Jahr über durchgehend schön und voller Blüten, deshalb muss man unterschiedliche Arten einsetzen.

Viele Zierpflanzen sind zwar mehrjährig, aber nicht winterhart, manche davon sind immergrün. Sie kommen aus Ländern, in denen sie das ganze Jahr über Sonne haben, warme Sommer und etwas kühlere Winter. Man kann sie nicht als Topfpflanzen bezeichnen, weil sie den Winter nicht in dunklen Wohnräumen überleben, sondern ein helles, beheiztes Gewächshaus brauchen. Zitruspflanzen, Kamelien, Myrten, Granatäpfel, Rosmarin, Lorbeer, Olivenbäume und Feigen sind solche Pflanzen, die einen hellen und kühlen, aber frostfreien Winter brauchen. Sie verleihen dem Gewächshaus eine herrliche Mittelmeeratmosphäre.

Es gibt mehrjährige Pflanzen, die es in unserem Klima das ganze Jahr über draußen im Garten aushalten, die aber auch im Gewächshaus Blütenpracht schenken können. Kletterpflanzen schaffen viel Grün und brauchen dabei nur wenig Platz auf dem Boden. Eine traditionelle Kletterpflanze fürs Gewächshaus ist die

Weinrebe. Ihr Vorteil ist, dass sie ziemlich winterhart ist, man muss das Gewächshaus im Winter nicht beheizen, damit sie überlebt. Sie wächst üppig und spendet an heißen Sommertagen wohltuenden Schatten.

Blüten schenkt die Clematis, die auch winterhart ist und in die Bodenerde gepflanzt werden kann. Es gibt Arten und Sorten, die jeweils im Vorfrühling, Sommer und Herbst blühen. Kombiniert man Sorten mit verschiedenen Blütezeiten, kann man während eines langen Zeitraums stattliche Blüten haben.

Rosen sind oft nicht völlig winterhart, aber im Gewächshaus kann man sich sicher sein, dass man sich an den Blüten erfreuen kann. Wenn man Rosen in Töpfen pflanzt, bekommt man früher Knospen und länger anhaltende Blüten.

Die Passionsblume klettert und blüht im Gewächshaus.

Im Vorfrühling blühen die Stiefmütterchen.

Topfpflanzen machen Sommerurlaub im Gewächshaus.

Oben unter dem Dach fühlen sich Bougainvillea und Passionsblume wohl, die ein paar Plusgrade brauchen, aber in dunklen Wohnzimmern Schwierigkeiten haben. Dieselben Anforderungen hat Jasminblütiger Nachtschatten, ein kräftig wachsendes Nachtschattengewächs, das klettert und weiß blüht. Diese Kletterpflanzen mögen dasselbe Klima wie Zitruspflanzen. Die Temperatur darf nicht unter 0 °C sinken, wenn man solche exotischen Kletterpflanzen halten möchte. Am besten sollte es zwischen 5 und 10 °C sein, aber die ein oder andere kältere Nacht vertragen sie.

Frühlingsfreude

Jede Jahreszeit hat ihren Charme. Frühlingspflanzen können im Gewächshaus früher zur Blüte gebracht werden. Selbst gezogene Zwiebelpflanzen oder gekaufte Zwiebeln im Topf bringen bunte Farben hinein. Dank der noch kühlen Nachttemperaturen halten sie

sich lange schön. Licht liebende Pflanzen wie Primeln und die ersten Geranien schenken selbstgezogen wie gekauft Farbenfreude. Das Angebot früh blühender Frühlingspflanzen wächst ständig: Herrliche Ranunkeln, farbenprächtige Gartengerbera, frühe Azaleen und viele andere Frühlingsblumen werden schon im März verkauft. Auch tolle Gras- und Blattpflanzen werden angeboten, die man als Ergänzung zu Stiefmütterchen und Goldlack in Töpfe pflanzen kann. Im Gewächshaus blühen sie besonders früh und halten lang.

Eine ganze Menge Blütenpflanzen, die man zunächst im Haus hat, wie Primeln und Osterglocken zu Ostern, können dank des Gewächshauses weiterleben. Wenn sie im Haus verblüht sind, können sie ins Gewächshaus umziehen, vielleicht in einen größeren Topf mit guter Erde, und dort frostfrei stehen. Wenn es dann so warm wird, dass die Gartenpflanzen in Gang kommen, pflanzt man sie aus. Im nächsten Jahr werden sie wieder blü-

Chrysanthemen im Topf für Herbststräuße

Eine letzte Rose im frostfreien Gewächshaus

hen. Besonders Osterglocken sind dankbar und werden mit den Jahren immer mehr.

Viele Pflanzen, die man im Sommer nach draußen auspflanzt, können wie die ersten mehrjährigen Pflanzen des Frühlings im Topf eine gemütliche Atmosphäre schaffen. Sie können nach der ersten Blüte ausgepflanzt werden, wenn es im Gewächshaus eng wird und die Tomaten heranwachsen. Will man sie bis zum kommenden Frühling im Gewächshaus aufbewahren, sollten sie im Spätsommer in größere Töpfe umgepflanzt und dann bei der für sie angemessenen Temperatur aufbewahrt werden.

Mehrjährige Pflanzen, die man im Gewächshaus überwintert, blühen auch früh. Pfirsich, Nektarine und Aprikose, die alle im Frühling hübsch rosa blühen, kann man in großen Töpfen im Gewächshaus halten. Sie sind winterhart und erfordern kein frostfreies Gewächshaus, weil sie in Winterruhe fallen.

Etwas ungewöhnlich im Gewächshaus sind Gartenazaleen im Topf, in Rhododendronerde gedeihen sie besser als erwartet und blühen im Vorfrühling. Unter den Kletterpflanzen sind Atragene-Clematis die ersten mit herrlichen Blüten in Weiß, Blau oder Rosa.

Blühende Sommerzeit

Viele Pflanzen stehen in unseren Breiten lieber in einem warmen Gewächshaus als draußen. Das Gewächshaus schafft die Möglichkeit, solche Pflanzen auszuprobieren und zu sehen, mit welchen man am besten zurechtkommt. Viel Blütenpracht bringen Enzianstrauch und Wandelröschen ein. Beide gibt es als kleine Bäumchen mit Stamm, eine charmante Abwechslung im Gewächshaus. Auch kleine Bäumchen von Hibiskus, Scheinmalve und anderen Topfpflanzen gibt es manchmal im Gartencenter. Sie sind einen Versuch wert, auch wenn die Überwinterung nicht garantiert ist.

Wenn es im Gewächshaus früh blüht, muss man beim Befruchten nachhelfen, weil noch keine Bestäuber fliegen.

Heliotrop verbreitet an Sommerabenden einen herrlichen Duft. Salbei gibt es in vielen Farben und Formen, die meisten Sorten sind mehrjährig, aber nicht winterhart. Manche werden fast so groß wie kleine Bäume. Leuchtend blauer Mexikanischer Salbei und duftender roter Ananas-Salbei, violetter Mehl-Salbei und viele andere Schönheiten wie Petunien, Margeriten und weitere traditionelle Gartenblumen schaffen herrliche Farbenpracht.

Man kann auch Pflanzen haben, die sowohl Topf- als auch Gartenpflanzen sind, wie Browallia, Neu-Guinea-Impatiens und Blaues Lieschen. Die Topfpflanzen sind eine Zierde und profitieren davon, während des Sommers im Gewächshaus zu stehen.

Einjährige Kletterpflanzen schaffen wirklich die üppige, wohnliche und blütenreiche Umgebung, die man sich in einem Gewächshaus erträumt. Farbenprächtige himmelblaue Prunkwinden, duftende Duftwicken und Glockenreben in dichtem Grün sind alle geeignet. Diese Blumen muss man nur aussäen und vorkultivieren, in große Töpfe pflanzen und aufbinden.

Je größer ihre Töpfe sind, desto mehr wachsen und blühen sie und desto leichter ist die Pflege. Die Pflanzen sollten jedoch nicht aus klitzekleinen Töpfen direkt in riesengroße umgesetzt werden, sondern während des Frühlings schrittweise größere Töpfe bekommen. Purpurglöckchen und Schwarzäugige Susanne sind wie die Sternwinde wärmeliebende Kletterer, die üppiges Grün und farbenfrohe Blüten bringen.

Nützlichere Blüten bringen Feuerbohne, Zuckererbse und Brechbohne. Sie schaffen auch schönes Grün, viele von ihnen tragen dekorative Blüten und es gibt Sorten mit abweichender Blattfarbe. Sie sind pflegeleicht und dankbar.

Anfangs etwas schwieriger sind das windende und das kletternde Löwenmäulchen, aber sie haben sehr schöne, zarte Blüten in rosa, blau oder weinrot. Die Hängegloxinie, eine nahe Verwandte, eignet sich sowohl für Ampeln als auch als Kletterpflanze. Sie bekommt reichlich weinrote trichterartige Blüten. Herrlich üppig sind Große Kapuzinerkresse, Kanarische Kresse und Gloriosa mit Blüten in Rot- und Gelbtönen.

Herbstpracht

Im Herbst schenken die Sommerblumen weiterhin Farbenfreude. Sie blühen, bis der Frost sie holt, im Gegensatz zu mehrjährigen Pflanzen, die in Winterruhe fallen sollten. Rosen blühen jedoch meist hartnäckig weiter, was eine Ursache dafür ist, dass sie draußen so oft erfrieren. Sie passen sich nicht an die Winterkälte an, sondern wachsen einfach weiter. Es ist gut für sie im Gewächshaus und damit etwas geschützter zu stehen.

Im Herbst kann man die Gewächshausbepflanzung durch Chrysanthemen und Herbstastern im Topf erweitern. Sie erschaffen die Blütenpracht im Gewächshaus und können für Sträuße geschnitten werden.

Sogar Dahlien können im Herbst ins Gewächshaus ziehen und weiterblühen, obwohl draußen der Frost schon eingesetzt hat. Man sollte die Freude an eigenen Blumen im Gewächshaus nicht unterschätzen. Es ist die Mühe wert, Dahlien, Gladiolen, Astern und andere Pflanzen hineinzusetzen, die schöne Herbststräuße ergeben.

Pflege von Blütenpflanzen

Beim herbstlichen Großputz sollte man die Pflanzen duschen und säubern. Weil es im blühenden Gewächshaus viele verschiedene Arten von Pflanzen gibt, brauchen die auch unterschiedliche Pflege. Für alle gilt jedoch, dass man sie in der dunklen und kalten Jahreszeit sparsam gießen und noch weniger düngen soll. Die Pflanzen sollten alle nicht ganz austrocknen, aber auch nicht mit viel Wasser und Nährstoffen zum Blühen gelockt werden. Halten Sie die Töpfe und die Umgebung der Pflanzen sorgfältig sauber. Entfernen Sie verwelkte Blätter und andere Pflanzenreste, sodass sie nicht mit Grauschimmelbefall liegen bleiben.

Kleine Bäumchen

Ziemlich einfach im Gewächshaus zu halten sind Pfirsich, Aprikose, Mandel und Nektarine. Aprikosenbäume können einen sehr kräftigen Wuchs haben, hier sollte man darauf achten, eine „Mini"-Sorte zu kaufen.

Es gibt sie als kleine Bäumchen für große Töpfe, und sie vertragen etwas Kälte. Unter −20 °C über mehrere Wochen überleben sie wahrscheinlich nicht, aber Temperaturen knapp unter 0 °C sind noch in Ordnung.

Sie blühen sehr früh mit rosa Blüten, was die Ursache dafür ist, dass man sie in Deutschland eher im Süden hat. Die Pflanze verträgt Kälte, aber die Blüten erfrieren bei Temperaturen um 0 °C, was im März und April noch öfters vorkommt. Im Gewächshaus stehen sie geschützter bei günstigeren Temperaturen, aber die Insekten fehlen als Bestäuber. Man muss selbst Biene spielen und die Blüten befruchten: Tupfen Sie mit einem kleinen Wasserfarbpinsel von Blüte zu Blüte. Es muss keine andere Pflanze oder Sorte sein, aber der Pollen aus der Blüte muss am Stempel landen.

Pflanzen, die im Topf stehen, müssen regelmäßig Nährstoffe bekommen. Geben Sie ihnen in der Zeit, in der das Bäumchen grünt und blüht, bei jedem Gießen Dünger. Nach der Ernte kann man mit dem Düngen aufhören. Versorgen Sie sie auch während des Winters mit Wasser. Die Erde sollte nicht feucht sein, aber auch nicht staubtrocken.

Für das Gewächshaus geeignet sind auch Freilandhibiskus (nicht die Sorte, die man im Topf hat, sie

Riesenhibiskus mag es warm, kann aber in einem frostfreien Gewächshaus überwintern, genau so wie der Freilandhibiskus.

Dekorative Flaschenkürbisse beim Trocknen im Gewächshaus. Die Pflanzen wurden im Gewächshaus vorkultiviert, dann sind sie den Sommer über draußen gewachsen. Aber wenn der Herbst kommt, müssen sie geerntet werden und trocknen, wenn man sie aufbewahren will.

braucht viel mehr Wärme), Lorbeer, Rosmarin, Olivenbaum und Feige. Auch sie vertragen ein paar Minusgrade, aber keine anhaltende Kälte. Feige und Hibiskus werfen ihre Blätter ab, aber die übrigen sind den ganzen Winter über grün und brauchen sowohl Licht als auch sparsame Bewässerung. Sehen Sie nach den Pflanzen, sodass die Erde nicht ganz austrocknet, und gießen Sie bei Bedarf. Wenn es anfängt heller und wärmer zu werden, ist es Zeit, bei jedem Gießen Dünger hinzuzufügen. Freilandhibiskus blüht nicht vor dem Sommer, bringt aber ein so typisch „tropisches" Sommergefühl, dass er einen Platz wert ist.

Büsche und Grünpflanzen

Man kann auch immergrüne Gewächse wie Eibe, Buchsbaum und Thuja ins Gewächshaus pflanzen. Es ist nicht so üblich, sorgt aber im Winter für Grüntöne im Gewächshaus. Hält man die Temperatur bei um 0 °C, halten sich diese Pflanzen gut. Wichtig ist, dass die Erde im Topf nicht einfriert. Auch immergrüne Blattpflanzen wie Lorbeerkirsche, Stechpalme, Strauchveronika, Hebe und Skimmie machen als kleine Bäumchen oder in normaler Buschform das ganze Jahr über Freude. Wichtig ist bei immergrünen Laubpflanzen, sie mit Wasser zu versorgen, denn sie verdunsten mehr Wasser als laubwerfende Pflanzen. Viele immergrüne Pflanzen zusammen schaffen im Gewächshaus auch ein günstiges Klima für die anderen. Die Luft wird etwas feuchter, und sie geben einander Schutz.

Als Zierde in einem etwas größeren Gewächshaus in kaltem Klima eignen sich verschiedene Magnolienarten. Manche Sorten werden sehr groß, aber normale Sorten wie ‚Susanne' können im Topf gehalten werden und tragen sehr schöne Blüten. Sie sollten ein paar Minusgrade vertragen und trotzdem im Frühling an so gut wie nackten Zweigen blühen. Auch Azaleen können eine angenehme Abwechslung sein; viele Sorten duften gut und blühen, bevor die Blätter ausgeschlagen sind. Es gibt sie in vielen Farben von weiß bis leuchtend orange, kirschrot und purpurrot.

Zitruspflanzen und andere Exoten

Anspruchsvoller sind Zitruspflanzen. Sie sind sehr attraktiv und eignen sich gut als Dekoration im Gewächshaus. Sie müssen jedoch hell überwintern, also brauchen sie einen richtig guten Platz. Die Temperatur kann auf 5–10 °C runtergehen, aber das Licht ist sehr wichtig.

Es gibt viele verschiedene Zitruspflanzen. Was sie besonders macht, ist, dass sie gleichzeitig Früchte tragen und blühen zu können. Die immergrüne Calamondin-Orange wird als die pflegeleichteste für den Anbau angesehen, aber alle müssen in nährstoffreiche Erde gepflanzt werden. Im Handel werden viele Sorten angeboten, der größte Unterschied besteht in der Größe, Form und Farbe der Früchte. Es gibt auch Sorten mit grün-weißen Blättern. Mein persönlicher Favorit ist die Zitrone, die ziemlich einfach anzubauen ist und mit intensiv duftenden Blüten verwöhnt.

Die Pflanzen werden oft aus Italien importiert. Oft stehen sie in ziemlich kleinen Töpfen in Bodenerde, damit die Transportkosten minimiert werden. Sie sollten dann zügig in größere Behälter umgesetzt werden. Kaufen Sie die Pflanzen am besten im Frühling, wenn sie frisch angekommen sind, und gewähren Sie ihnen einen Sommer im Gewächshaus, bevor sie einen deutschen Winter überstehen müssen. Verwenden Sie spezielle Zitruserde, die chemisch leicht sauer reagiert und kräftig ist. Wässern Sie sie auch im Winter etwas, die Pflanzen dürfen nicht ganz austrocknen. In der hellen Jahreszeit brauchen sie besondere Nährstoffe (Zitruspflanzendünger).

Andere Pflanzen wie Granatapfel und Blattkaktus können ebenfalls einen kühlen Winter vertragen. Frostfrei und hell, gerne bei 5–10 °C, aber sie halten auch kurze etwas kühlere Perioden aus. Myrte ist eine altmodische Topfpflanze, die mit den warmen Wohnräumen fast verschwunden ist. Sie fühlt sich bei 5–10 °C wohl und kommt gut mit Kamelien und Geranien zurecht. Kamelien sind etwas Besonderes, weil sie so früh blühen, schon vor Weihnachten, wenn sie ein bisschen zusätzliches Licht bekommen, ansonsten im Februar–März. Die hübschen grünen blanken Blätter zeugen von ihrer Verwandtschaft mit dem Teestrauch, und sie sind

Mittelmeerpflanzen spenden Duft und Würze.

Kamelien blühen im Spätwinter und Vorfrühling.

das ganze Jahr über eine Augenweide, es ist immer eine Freude, wenn die Blüten kommen. Sie ziehen chemisch saure Erde vor und sollten mit kalkfreiem Wasser gegossen werden. Regenwasser ist gut, und verwenden Sie Rhododendron-Dünger.

Für die anspruchsvolleren Pflanzen kann man eine permanente Beleuchtung installieren. Dann blühen sie früher und reichlicher, wachsen besser und sehen im Winter üppiger aus. Es gibt LED-Lampen, die in normale Fassungen passen, die speziell für die Überwinterung von Zitruspflanzen geeignet sind.

Blühende Rosen

Rosen sind vielleicht nicht die geeignetsten Pflanzen fürs Gewächshaus. Die vielen Dornen stören eher, aber moderne Rosen blühen unglaublich reich, viel mehr als andere mehrjährige Pflanzen. Sie können fast das ganze Jahr über blühen, aber dafür ist eine zusätzliche Beleuchtung nötig. Wenn ein Trieb geblüht hat, dauert es 5–6 Wochen, bis derselbe Trieb wieder blüht. Topfrosen am Stamm können daher über lange Zeit hinweg tolle Farbtupfer bilden. Sie vertragen im Winter einige Kälte; wenn man die Temperatur um 0 °C halten kann, reicht das schon aus. Topfrosen sind aber häufig nur für den einmaligen Gebrauch bestimmt. Manche Sorten können überleben und wieder blühen, andere sterben einfach ab. Will man blühende Rosen im Gewächshaus, kauft man besser schöne „Beetrosen" und pflanzt sie in einen großen Topf.

Sobald die Pflanze im Vorfrühling grün wird, muss man regelmäßig Wasser und Nährstoffe geben. Aber seien Sie auf der Hut: Rosen haben keine „eingebaute Wachstumssperre". Wenn es warm wird, beginnen sie zu sprießen. Im Gewächshaus wird es früh warm, aber dann kommt auch wieder eine Frostnacht. Wenn die Temperatur im Gewächshaus unter 0 °C fällt, besteht das Risiko, dass die jungen Blättchen erfrieren. Danach dauert es eine ganze Weile, bis neue Blätter nachkommen.

WEINTRAUBEN

Für viele ist die Weinrebe das Wichtigste am Gewächshaus, sie träumen davon, unter den Weintrauben zu sitzen, die von der Decke hängen. Für den Anbau im Gewächshaus sollte man die Weintraube Vitis vinifera nehmen, die „echte" Weintraube. Es gibt tausende Sorten. Je kürzer die Saison zwischen Blüte und Fruchtreife ist, desto eher greift man zu frühreifende Sorten. Spezielle neue Sorten sowohl für die Weinherstellung als auch für die Ernte von Tafeltrauben sind zum Beispiel ‚Solaris' (für Weißwein) und ‚Nemo'. Sie sind in Deutschland vor allem für den Anbau im Gewächshaus oder draußen in warmen Lagen vorgesehen.

Winterhärter und robuster ist die Fuchsrebe, die Wildrebe Vitis labrusca. Sie verträgt bis zu −25 °C, man kann sie bis ziemlich weit in den Norden draußen anbauen. Sie verträgt Kälte besser und ist widerstandsfähiger gegen Krankheiten, bringt zwar nur kleine Trauben, aber mit schmackhaften Beeren hervor. Wenn man in richtig kaltem Klima wohnt, kann die Fuchsrebe eine Alternative auch fürs Gewächshaus sein. Wichtig ist, sie in chemisch saure Erde zu pflanzen, sonst wächst sie nicht. Düngen Sie sie im Frühling und Frühsommer mit Rhododendron-Dünger. Im Übrigen behandelt man sie wie die normale Weinrebe.

Die Weinrebe ist ziemlich winterhart und kann im Gewächshaus in die Bodenerde gepflanzt werden. Pflanzen Sie die Rebe ans kurze Ende des Gewächshauses, wenn es ein etwas kleineres Haus mit 10–15 m²

Die Weinrebe wird außen ans Gewächshaus gepflanzt und unter der Mauer hinein geleitet (rechts), oder in einen richtig großen Topf/Kiste mit Wurzelsperre gesetzt (links). Sie wächst kräftig, und die Wurzeln können leicht überhand nehmen und andere Pflanzen verdrängen.

Die Trauben können im Gewächshaus gut reifen.

Der Weinstock wird jeden Spätherbst bis Dezember beschnitten.

ist. In einem größeren Gewächshaus kann man versucht sein, mehrere Reben zu pflanzen, aber heben Sie den Platz besser für ein bis zwei genauso kräftig wachsende Kiwis auf. In einem kleinen Gewächshaus sollte man lieber gar keine Weinrebe pflanzen. Weinreben wachsen schnell und werden sehr groß, können aber beschnitten und klein gehalten werden. Will man vor allem viele schöne Trauben, sollte man ziemlich stark beschneiden; will man lieber viel Grün, beschneidet man weniger. Weinreben schlagen ziemlich spät aus, und die grünen Ranken über dem Kaffeetisch sind herrlich. Es besteht aber das Risiko, dass die Weinrebe bald das ganze Gewächshausdach bedeckt und viel Schatten wirft.

Die Weinrebe braucht nicht mehr als 50 x 50 cm Grundfläche. Graben Sie eine 60 cm tiefe und 50 x 50 cm breite Grube. Wenn man die Grube gräbt, kann man eine Wurzelsperre in die Seiten legen, sodass die Weinrebe nicht in angrenzende Bodenbeete hinein wächst. Fül-

len Sie sie mit guter Erde, pflanzen und gießen sie, und füllen Sie mit Erde auf, bis das Bodenniveau erreicht ist. Wenn man will, kann man bis fast an den Stamm heran Platten legen. Gießen Sie im kommenden Jahr regelmäßig. Dann wird die Weinrebe gut zurechtkommen, solange die Bodenerde nicht zu trocken und sandig ist.

Man kann die Weinrebe auch außen am Gewächshaus pflanzen und die Reben unter dem Sockel hindurch hineinleiten. Wenn man zwischen der Grube der Weinrebe und dem Gewächshaus eine Wurzelsperre setzt, dringen die Wurzeln nicht ins Gewächshaus ein. Das ist eine Lösung, wenn man in mildem Klima wohnt und in der Bodenerde des Gewächshauses andere Pflanzen anbauen will.

Der Schnitt von Weinreben

Je nachdem, wann man pflanzt und wie die Pflanze aussieht, macht man mit der Haupttrebe selbst, dem braunen Trieb, gar nichts. Die grünen Triebe, die neu wachsen, sollten jedoch mit der Zeit beschnitten werden, aber nicht im ersten Sommer.

Zum Spätherbst schneidet man die Weinrebe bis auf zwei bis drei Blattknospen zum braunen Stamm hin zurück. Die Triebe, die aus diesen untersten Knospen gewachsen sind, werden auch außen nach einer bis zwei Knospen gekappt. Nach demselben Prinzip schneidet man jeden Spätherbst zurück, aber immer außerhalb der nächsten Blattknospe. Die Pflanze wird so jedes Jahr eine Knospe höher und die Seitenzweige auch eine Knospe länger. Zum Schluss wird die Weinrebe wie ein brauner, knotiger Weihnachtsbaum aussehen. Das passt gut, wenn man die Pflanze zum Giebel des Gewächshausdachs hinauf wachsen lässt.

Jeden Sommer beschneidet man die grünen Triebe. Wenn die Pflanzen zu blühen begonnen haben, schneidet man alle blühenden Triebe ein bis zwei Blätter außerhalb der Blütentrauben ab. In den Blattachseln kommen bald neue Triebe, diese werden außerhalb des ersten Blattes oder möglicherweise auch ganz abgeschnitten. Wenn richtig viele Trauben zu erwarten sind, sollte man auch einen Teil von ihnen abschneiden. Die Trauben sollen immer frei hängen und von der Sonne beschienen werden, um große, süße Früchte zu produzieren.

Man kann die Weinrebe auch anders formen. Man schneidet dann den Haupttrieb nicht ab und leitet ihn zum Dachfirst hinauf oder legt ihn auf die Querstreben des Gewächshauses. Dort bindet man ihn als eine Art Hauptstamm fest, und schneidet dann stattdessen die Triebe, die an dem langen Stamm entlang entspringen. Achten Sie aber darauf, dass die Weinrebe nicht das Öffnen der Lüftungsklappen blockiert oder die Bedienung von Schattennetz, Isoliermaterial oder Deckmaterial mit Blasenfolie behindert.

Kiwi und Minikiwi

Man kann im Gewächshaus auch gut Kiwis anbauen. Es gibt mehrere Arten, die winterhärtesten sind die glattschaligen „Minikiwis". Alle wachsen kräftig und bilden taubeneigroße, glatte Früchte, die süßsäuerlich schmecken. Andere Sorten haben auch größere Früchte. Beachten Sie, dass es für eine erfolgreiche Befruchtung weibliche und männliche Pflanzen braucht, die aber mit genügend Abstand gesetzt werden müssen.

Selbstbefruchtend ist die Sorte ‚Issai', hier braucht man nur eine Pflanze.

Minikiwis kann man zwar ohne Probleme im Gewächshaus halten, aber man muss sie im Zaum halten. Ihre Zweige wickeln sich um die Stützen, und sie verholzen mit der Zeit. Wichtig ist, die Wurzeln vor Kälte zu schützen und das Gewächshaus frostfrei zu halten. Es ist zwar nicht sicher, dass man Früchte bekommt, aber die Pflanzen erfreuen mit üppigem Grün.

Die meist behaarten Kiwis, die wir als Obst kaufen, haben als Pflanzen einen sehr kräftigen Wuchs, sie sind aber nur mäßig winterhart. Im Gewächshaus kann die Aufzucht gut gehen, aber die Pflanzen werden sehr groß, wenn sie sich wohl fühlen. Im Handel gibt es die Sorten ‚Jenny' und ‚Boskoop'. Auch gelbe „Gold"-Kiwis gibt es als Pflanzen, das ist noch eine andere Art.

Alle Arten von Kiwi wachsen unglaublich kräftig und schaffen üppiges Grün. Für ein kleineres Gewächshaus sind sie jedoch ungeeignet.

PFLANZEN IM GEWÄCHSHAUS ÜBERWINTERN

Ein Gewächshaus ist immer wärmer als das Freiland und deshalb ein guter Platz, um Pflanzen zu überwintern, wenn deren Winterhärte zweifelhaft ist. Denken Sie daran, dass eine Pflanze im Topf leichter erfriert als dieselbe Pflanze, wenn sie im Erdboden wächst.

Nicht alle mehrjährigen Gartenpflanzen überleben einen deutschen Winter. Wie viel Isolierung und Schutz Pflanzen brauchen, hängt einerseits von der Pflanzenart ab, aber genauso davon, wo man wohnt. Das Belastendste ist für fast alle Pflanzen nicht die Kälte an sich, sondern Wechsel zwischen Kälte und Wärme. Wenn es durchgehend kalt ist und viel Schnee liegt, überleben viele Pflanzen. Wenn der Schnee schmilzt, haben die Pflanzen keine schützende Decke mehr und werden deshalb erfrieren, wenn es wieder richtig kalt wird. Die Pflanzen müssen immer gegen die Kälte selbst und gegen Feuchtigkeit geschützt werden. Eine Isolierung muss trocken sein, um Schutz zu bieten.

Die Erde funktioniert wie ein großer Wärmespeicher, sie wird eigentlich nie genauso kalt wie die Luft, selbst wenn sie einfriert. Wurzeln sind deshalb in der Regel kälteempfindlicher als die oberirdischen Pflanzenteile. Wurzeln im Topf frieren leichter als Wurzeln im Boden, auch wenn der Topf selbst isolieren sollte.

Die Pflanzen schützen

Ist „Überwinterung" für Sie nur die Verwahrung der Pflanzen in Erwartung des Frühlings? Überwinterung heißt primär, dass die Pflanze überleben, aber nicht wachsen soll. Oder möchten Sie das ganze Jahr über ein grünendes Gewächshaus haben?

In beiden Fällen ist normalerweise irgendeine Form von Beheizung nötig, aber das hängt davon ab, wo man

wohnt und wie kalt die Winter sind. Einen milden Winter überleben Olivenbaum und Lorbeer in der Regel im Gewächshaus ohne zusätzliche Wärme. Weiter im Norden braucht man mehr Wärme und Isolierung für die Pflanzen, damit sie zurechtkommen. Lassen Sie sich dazu beim Pflanzenkauf auch beraten.

Das Wetter hat sich in den letzten Jahren verändert, es gibt mehr plötzliche Wetterumschläge von Kälte zu Wärme, von milden Temperaturen zu Hitze, von wolkenlosem Frost zu heftigem Schneefall. Heutzutage ist der Herbst bis Weihnachten oft recht mild, die richtige Kälte kann manchmal erst im Februar oder März kommen. Diese plötzlichen Umschwünge sind schwierig für die Pflanzen. Wichtig ist, dass man sie – darauf bedacht, den Garten fertig zu „putzen" – nicht zu früh für den Winter einpackt. Stellen Sie die Pflanzen ins Gewächshaus, wenn die Nächte kalt zu werden beginnen, aber isolieren Sie sie zunächst noch nicht. Wenn man Pflanzen einwickelt, die noch grün sind, und sie

Putzen Sie das Gewächshaus und befreien Sie die Töpfe von Pflanzenresten, bevor sie zum Überwintern ins Gewächshaus gestellt werden.

In einem kalten Gewächshaus sollten nicht winterharte Pflanzen zugedeckt werden. Am besten ist trockenes Isoliermaterial wie Gartenvlies, Laub, Stroh und Mineralwolle.

in Gartenvlies und Isolierstoff weiter wachsen, besteht das Risiko, dass sie verrotten. Die Erde im Topf sollte zur Überwinterung nicht ganz trocken sein. Die Pflanzen werden verpackt, je nachdem, wie empfindlich sie sind.

Wenn es langsam Herbst wird, die Blätter fallen und die Pflanzen angefangen haben, in Winterruhe zu fallen, ist es Zeit. Kälteempfindliche Pflanzen wie Dahlien sollten hinein, kurz bevor der Frost kommt. Viele holzige Pflanzen wiederum brauchen etwas Frost und können nach den ersten Minusgraden einige Wochen länger draußen stehen, damit sie wie vorgesehen in Winterruhe fallen. Mehrjährige Pflanzen sollten im Spätherbst nicht mehr mit Dünger gegossen werden, das treibt die Pflanzen an, wieder zu wachsen.

Wenn der Frühling kommt, sollten die überwinternden Pflanzen beizeiten ausgepackt und nach draußen gestellt werden, sodass sie nicht dazu angeregt werden, so früh zu grünen und zu blühen wie im Gewächshaus. Wenn man will, dass sie im Gewächshaus früh sprießen, nimmt man erst die Isolierung ab, lässt sie im Gewächshaus stehen und gießt sie. Es ist jedoch immer ein Risiko, wenn die Pflanzen im Gewächshaus sehr früh sprießen. Wenn die Temperatur in einer Nacht stark absinkt, können die frühen Knospen erfrieren. Man muss dann besonders achtsam sein und die Pflanzen in kalten Nächten mit Gartenvlies zudecken oder einen Frostwächter, eine mobile thermostatgesteuerte Heizung, aufstellen.

Die Vorteile des Gewächshauses

Das Gewächshaus ist ein trockener Ort, trockene Erde friert nicht so fest wie nasse Erde. Es ist auch windgeschützt, und Wind ist im Winter sehr kalt. Noch besseren Schutz erzielt man, indem man die Töpfe wärmeisoliert, die Zweige einwickelt und eine weitere Schicht Isolierung um die ganze Pflanze legt.

Man kann die nicht winterfesten Pflanzen im unbeheizten Haus auch in einem abgetrennten Teil dicht zusammenstellen, der zusätzlich etwas erwärmt wird, um allzu tiefe Minusgrade zu vermeiden. Dafür gibt es im Gartenhandel spezielle Zelte und Schränke.

Die robustesten Pflanzen können dicht zusammen ins Gewächshaus gestellt und auf diese Weise gegen die Winterkälte geschützt werden. Der nächste Schritt ist, die empfindlicheren Wurzeln in der Bodenerde zu vergraben, mit oder ohne Topf, und den Boden mit trockenem Laub oder anderen Isoliermaterialien zu bedecken. Dank der Trockenheit im Gewächshaus isoliert das Laub gut gegen Kälte.

So einen Schutz bekommt man auch, wenn man die Töpfe in Kartons stellt, die mit Isolierung aus Mineralwolle, Styroporchips, Stroh, Torfmull oder anderem Material gefüllt werden.

Man kann Matten aus Mineralwolle mit Plastiküberzug um die Pflanzen wickeln oder sie in Stroh einpacken und ein Netz darum wickeln, um das Stroh am Platz zu halten. Biegsame Isomatten isolieren gut und können in steifen Zylindern um die Pflanzen gestellt werden. Mehrere Schichten dünnes Gartenvlies isolieren gut, wenn man es locker und bauschig wickelt. Gartenvlies kann man zum Beispiel wunderbar in Schichten über Pflanzen legen, die in einer Kiste gesammelt sind.

Trockenes Laub, Tannennadeln, Sackleinen, Schattiernetz, Rindenmulch, Torfstreu und Sägespäne sind andere Varianten. Wenn es richtig kalt wird, kann man die Töpfe auf Styroporscheiben auf den Boden einer Kiste stellen. Dann kriecht keine Kälte aus dem Boden herauf, die die Wurzeln unterkühlt.

Extrem empfindlich sind alle Arten von kleinen Bäumchen. Pflanzen, die wie Stammrosen, Hochstamm-Johannisbeeren und ähnliche aus einem Stamm mit einem Busch an der Spitze bestehen, brauchen einen extra Schutz um die Krone. Handelt es sich um eine veredelte Sorte, ist die Veredelungsstelle am Übergang von Krone und Stamm auch kälteempfindlicher als der Rest der Pflanze.

Welche Pflanzen man schützen muss, hängt immer auch davon ab, in welcher Klimaregion man wohnt. Was am besten ist, kann man bei Nachbarn, Mitgliedern des Gartenbauvereins und dem Gartenfachhandel erfragen. Es gibt auch da keine Garantien, da man das Wetter selbst nicht ändern kann, aber die Erfahrung anderer ist eine große Hilfe.

Winterisolierung des Gewächshauses

Man kann auch das Gewächshaus selbst isolieren, um dort im Winter Pflanzen aufzubewahren. Kleinere Gewächshäuser aus Blasenfolie, die man ins große Gewächshaus stellt und beheizt, sind eine Variante.

Pflanzen, die das ganze Jahr über grün sind, brauchen mehr Raum als die laubabwerfenden. Sie wollen auch während des Winters Licht haben und können daher nicht so dicht zusammengestellt werden.

Die beste Überwinterungstemperatur ist je nach Pflanze unterschiedlich. Die meisten Pflanzen in unseren Gärten wollen während des Winters keine Sommerwärme und kein Licht, mit Ausnahme von Orchideen und anderen tropischen Pflanzen. Die meisten nicht winterharten Pflanzen, die wir anbauen, wollen einen kühlen Winter, aber keinen harten Dauerfrost. Deshalb ist die wärmere Überwinterung im Vergleich zum Freiland immer besser. Man muss fürs Gewächshaus eine Mitteltemperatur finden, in der so viele Pflanzen wie möglich überleben können.

Bei Pflanzen, die auf verschiedene Weisen überwintert werden können, kann man sich diejenige auswählen, die für einen selbst am praktischsten ist. Geranien zum Beispiel können hell und kühl stehen, aber auch dunkel und kühl. Wenn sie hell überwintern, wachsen sie weiter und können sogar blühen; wenn sie dunkel stehen, fallen sie in Winterruhe. Dann muss die Temperatur bis an die 0 °C gesenkt werden.

Werfen Sie im Winter ab und zu einen Blick in die Töpfe. In milden Perioden brauchen manche grünen Pflanzen Wasser.

Isoliertes Regal für Pflanzen, die frostfrei stehen müssen, in einem beheizten Schrank

Oben: Winterharte Pflanzen können unter Plastik in Aufsatzrahmen überwintert werden. Mit etwas Wärme und Schutz vor Nässe überstehen sie den Winter besser.

Klimafreundliche Lösungen

Beginnen Sie damit, mithilfe der Überwinterungstabelle auf der nächsten Seite Ihre Pflanzen in verschiedene Gruppen einzuteilen.

Diejenigen, die wie Knollen Dunkelheit brauchen, kann man ziemlich einfach in Keller, Garage oder ähnlichem überwintern, die empfindlichsten werden im Gewächshaus in einem beheizten abgetrennten Teil oder einem beheizten Wintergarten gesammelt.

Die robustesten, wie mehrjährige Pflanzen und ausgesäte Frühlingsblumen, können während der kältesten Zeiten in Frühbeeten mit Plastikfoliendach geschützt werden. Da in den Frühbeetanlagen das Plastik sehr dicht an, aber nicht auf den Pflanzen liegt, wärmt sich die Luft darin schnell auf. Es muss ja nicht annähernd so viel Luftvolumen erwärmt werden wie im Gewächshaus. Sobald die Sonne ein bisschen scheint, wird es wärmer. Die Pflanzen selbst geben auch etwas Wärme an die Luft ab, die unter dem Plastik verbleibt und nicht verfliegt. Man kann die Folie auch verdoppeln und als Extraisolierung noch eine Schicht Gartenvlies auf die Pflanzen, aber unter das Plastik legen. Wenn Schnee fällt, isoliert dieser noch zusätzlich, aber man muss ihn wegräumen, sobald es wieder milder wird.

Wenn dann die Tage länger und wärmer werden, können die Pflanzen ins Gewächshaus gesetzt werden, falls dort Platz ist, oder unter der Folie zum Wachsen angeregt werden. Man entfernt das Gartenvlies und lüftet an sonnigen, warmen Frühlingstagen. Achtung: Die Pflanzen dürfen nicht unter dem Plastik „kochen"!

EMPFOHLENE ÜBERWINTERUNG VON WENIGER WINTERHARTEN PFLANZEN
(ohne Garantie)

Pflanzenname	Licht	Temperatur
Schönmalve, *Abutilon × hybridum*	hell	kühl 8–10 °C
Schmucklilie, *Agapanthus*	hell	kühl 8–10 °C
Kronen-Anemone, *Anemone coronaria*	dunkel	frostfrei
Margerite, *Argyranthemum*	hell	kühl an die 0 °C, aber frostfrei
Begonienknollen, *Begonia × tuberhybrida*	dunkel	warm 10–15 °C
Drillingsblume, *Bougainvillea*	hell	kühl 8–10 °C, aber verträgt etwas Kälte
Engelstrompete, *Brugmansia*	dunke/hell	10–15 °C
Buchsbaum, *Buxus*	hell	kühl, verträgt ein paar Minusgrade
Kamelie, *Camellia japonica*	hell	kühl 8–10 °C, aber verträgt etwas Kälte
Canna, *Canna × generalis*	dunkel	frostfrei
Zitruspflanzen, *Citrus*	hell	kühl 8–10 °C, aber verträgt etwas Kälte
Dahlienwurzeln, *Dahlia × pinnata*	dunkel	frostfrei
Eukalyptus, mehrere Arten, *Eucalyptus*	hell	kühl 8–10 °C, aber verträgt mehr Kälte
Feige, *Ficus carica*	hell	kühl, verträgt ein paar Minusgrade
Fresie, *Freesia × hybrida*	dunkel	warm 15 °C
Fuchsie, *Fuchsia × hybrida*	dunkel	frostfrei
Gladiole, *Gladiolus × hortulanus*	dunkel	frostfrei
Heliotrop, *Heliotropus arborescens*	hell	frostfrei
Wandelröschen, *Lantana camara*	hell	kühl 8–10 °C
Lorbeer, *Laurus nobilis*	hell	kühl an die 0 °C, aber frostfrei
Myrte, *Myrtus communis*	hell	frostfrei
Oleander, *Nerium olander*	hell	kühl 8–10 °C, verträgt mehr Kälte
Olive, *Olea europaea*	hell	kühl, verträgt Kälte, am besten frostfrei
Passionsblume, *Passiflora*	hell	kühl 8–10 °C
Stehende Geranien, *Pelargonium*	hell	kühl 8–10 °C oder: dunkel an die 0 °C
Nektarine, Pfirsich, Aprikose, *Prunus mehrere Arten*		verträgt Minusgrade, aber nicht blühend und keine klirrende Kälte
Asiat. Hahnenfuß, *Ranunculus asiaticus*	dunkel	frostfrei
Rosmarin, *Rosmarinus officinalis*	hell	kühl, am besten frostfrei
Jasminblütiger Nachtschatten, *Solanum laxum ‚Album'*	hell	frostfrei
Enzianstrauch, *Solanum rantonnetii*	hell	frostfrei

Die kleinen Sommerbäumchen können überwintert werden und vielleicht im nächsten Jahr wieder blühen.

FRÜHLINGSBLUMEN, ZWIEBEL-PFLANZEN UND MEHRJÄHRIGE

Auch wenn das Gewächshaus nicht beheizt ist, kann man die Sonnenwärme ausnutzen, um frühe Frühlingsblumen zu bekommen und um frisch gesäte perennierende Pflanzen zu überwintern. Die kleine Extraportion Wärme im Gewächshaus treibt die Pflanzen an, sodass sie blühen, bevor sie im Garten in Gang kommen können.

Die Vielfalt früh blühender Pflanzen, die man draußen in Töpfe setzen kann, ist weit größer als das, was man im Handel kaufen kann. Es können mehrjährige Pflanzen wie Gänseblümchen und Akeleien sein, Pflanzen zum Aussetzen ins Freiland wie Stiefmütterchen oder frühe Frühlingszwiebelpflanzen im Topf. Wenn man sie selbst zieht, kann man die verschwenderisch einsetzen.

Die Sommerpflanzen, die ins Freiland kommen, vertragen meist keine Minusgrade, was bedeutet, dass sie nicht zu früh hinaus gesetzt werden dürfen. Wählt man typische Frühlingsblumen, die nach draußen können, obwohl es noch kalt ist, bekommt man viele Wochen früher bunte Blüten in den Garten. Man kann sich dann schon an Frühblühern in Töpfen und Rabatten freuen, bevor die traditionellen Sommerblumen ausgepflanzt werden können.

Selbst wenn es ein eisiger, langer und kalter Frühling ist, sodass man selbst die Frühlingsblüher nicht nach draußen setzen kann, ist das kein Grund zur Sorge. Sie blühen auch im Gewächshaus schön.

Frühlingsblumen

Um im Frühling früh blühende Pflanzen zu bekommen, muss man das lange vorbereiten. Der Trick ist, dass man bereits im Spätsommer des Vorjahrs aussät und die Pflänzchen in Töpfe setzt. Die Anzucht selbst ist nicht schwer. Das Schwierigste kann sein, im Spätsommer und Herbst an Samen zu kommen.

Man kann mehr als Sommerblumen und Gemüse im Gewächshaus vorziehen. Mehrjährige Pflanzen und Frühlingsblumen bringen noch mehr Farbe in den Garten.

Am besten kauft man die Samen schon im Frühling, wenn das Angebot am größten ist. Im Winter werden sie geschützt und eventuell frostfrei ins Gewächshaus gestellt. Die frühe Sonnenwärme und die dank eines Frostwächters frostfreien Nächte regen die Pflanzen zu früher Blüte an. Nachdem sie in einem ziemlich kalten Gewächshaus gezogen wurden, sind sie auch recht robust und können bereits nach draußen gesetzt werden, wenn die Temperaturen nachts noch unter 0 °C fallen. Ein paar Minusgrade sind noch okay, abgehärtete Stiefmütterchen vertragen meist bis −5 °C.

Saat und Überwinterung

Die verbreitetste Frühlingsblume ist das Stiefmütterchen. Es blüht im Jahr nach der Saat und stirbt dann, kann aber als Pflanze nicht draußen überwintern. Damit Stiefmütterchen im Vorfrühling blühen, müssen sie im August ausgesät werden. Profizüchter setzen ihre Pflanzen normalerweise erst im neuen Jahr, aber

SO WIRD'S GEMACHT – AUSSAAT FÜR FRÜHLINGSBLUMEN

- Säen Sie die Blumensamen wie gewöhnlich (siehe Seiten 27 f.). Stellen Sie die Saat ins Gewächshaus. Folgen Sie dabei den Anleitungen für Aussaat und Anbau auf der Verpackung. Seriöse Samenfirmen haben manchmal auch ein separates Informationsblatt.
- Die kleinen Pflänzchen einzeln in Töpfe mit guter Erde setzen.
- Die Pflanzen draußen unter ein schützendes Dach stellen. Wenn der Herbst und die Kälte kommen, werden sie ins Gewächshaus gestellt. Die Pflänzchen müssen vor dem Winter heranwachsen.
- Die Töpfe mit den Pflanzen werden im Gewächshaus überwintert.
- Je nachdem, was für Pflanzen es sind, muss man ihnen eventuell etwas mehr Wärme geben, sodass das Gewächshaus während des Winters frostfrei bleibt.
- Wenn man alle Pflanzen in einem speziellen isolierten Anbauschrank aus Doppelstegplatten oder einem beheizten Minitreibhaus sammelt, braucht man nicht das ganze Gewächshaus zu beheizen. Man kann Blasenfolie über ein Regal hängen, mit Klebestreifen festkleben und mit einem kleinen Heizlüfter von unten beheizen. Man kann die Pflanzen auch in lockere Schichten Gartenvlies einbetten. Das ist so leicht, dass es die Pflanzen nicht zerdrückt.
- Wenn es im Frühling langsam heller und wärmer wird, deckt man die Pflanzen ab und lässt sie wachsen. Wann genau man sie abdeckt, hängt davon ab, wie früh bzw. spät der Frühling ist. Wenn sie früher blühen sollen als draußen, kann etwas Nachtwärme nötig werden. Lüften Sie tagsüber; keine Pflanze mag es, wenn es am Tag 40 °C hat und nachts kalt ist.

Man kann Anbauschränke zum Überwintern verwenden, um mehrjährige Pflanzen zu früher Blüte zu treiben. Die kleine Kammer zu heizen, ist nicht so teuer.

sie haben mehr technische Möglichkeiten, das Klima zu steuern.

Es gibt viele früh blühende Pflanzen, die auf dieselbe Art und Weise gezogen werden können. Sie werden im August–September ausgesät und dürfen dann heranwachsen. Anschließend werden sie im Gewächshaus oder vielleicht im Frühbeet mit isolierender Decke überwintert. Wenn die Frühlingssonne das Gewächshaus aufwärmt, wird alles Isoliermaterial abgenommen, und dann versorgt man die Pflanzen wie üblich mit Wasser und Nährstoffen.

DIE QUAL DER WAHL

Stiefmütterchen sind zweijährig und blühen nur einen Frühling. In den letzten Jahren wurden Sorten mit rosa, apricot, braun-violetten und zweifarbigen Blüten auf den Markt gebracht. Dank eines langen und frühen Frühlings hat es in England Tradition, vor den Sommerblumen eine Runde frühe Frühlingsblumen nach draußen zu setzen. Daher gibt es in britischen Katalogen ein großes Angebot an geeigneten Samen.

Sehr dankbar sind die kleinen sogenannten **Mini-Stiefmütterchen**. Sie sind nahe Verwandte der wilden

Stiefmütterchen und der Hornveilchen und können mehrjährig sein. Sie sind robuster und für Hobbygärtner leichter zu züchten. Anstelle von besonders großen Blüten haben sie viele kleinere, was sie weniger empfindlich für schlechtes Wetter macht. Die Samen sind lichtkeimend, sie dürfen nicht mit Erde bedeckt werden und werden ins Minitreibhaus gesät.

Gänseblümchen vertragen auch einige Minusgrade. Auch Gänseblümchen gibt es als Samen in einem größeren Sortiment bei englischen Samenfirmen. Statt sie im August auszusäen, kann man auch im Freiland kleine Pflanzen ausgraben und in Töpfe setzen. Das macht man ebenfalls im August. Profizüchter überwintern Gänseblümchen frostfrei bei 8–10 °C, aber sie überleben auch strengere Kälte. Wenn man allerdings möchte, dass sie früh blühen, muss es wärmer sein, um die 10 °C tagsüber und nachts etwas kühler.

Vergissmeinnicht sollten am besten völlig frostfrei überwintern, wenn sie früh blühen sollen. Es gibt sie in vielen hübschen Blautönen, aber auch in rosa und weiß. Man kann sie wunderbar gemeinsam mit Stiefmütterchen und auch mit frühen Tulpen pflanzen. Zusammen mit Gänseblümchen sehen sie aus wie eine blühende Wiese in blau und rosa. Auch Vergissmeinnicht sind Lichtkeimer.

Primeln gibt es in vielen Sorten und Kreuzungen, sie sind im Winterhalbjahr übliche Topfpflanzen. Es gibt sie schon im Herbst und Winter im Handel, und sie vertragen Kälte sehr gut. Man kann im Herbst Pflanzen kaufen und abhärten, um sie im Vorfrühling zusammen mit anderen Frühlingsblumen nach draußen zu setzen, wenn man sie nicht selbst ziehen will. Sie passen sehr gut mit Mini-Stiefmütterchen zusammen. Primeln werden auch im Herbst ausgesät, aber man sollte ihnen nicht zu früh Wärme geben. Wenn sie zu früh zu wachsen und zu knospen beginnen, werden die Blüten blass. Im Januar ist das Tageslicht zu schwach, man sollte etwas länger warten. Wenn man Pflanzenleuchten und Wärme zur Verfügung hat, kann man auch früher anfangen. Primeln sind Lichtkeimer, genau wie Stiefmütterchen und Vergissmeinnicht, die Samen dürfen bei der Aussaat nicht mit Erde bedeckt werden.

Goldlack ist eine Pflanze, die zu Beginn des 20. Jahrhunderts in großen Mengen gezüchtet wurde. Man hatte sie als frühlingshafte Topfpflanze im Haus und auch im Garten. Goldlack wurde schon im April ausgesät und draußen in die Bodenerde gepflanzt, wenn die Pflanzen groß genug waren. Im Herbst, im Oktober, grub man große Pflanzen mit Erdklumpen aus und setzte sie ins Gewächshaus. Sie durften kühl, aber am besten frostfrei stehen, bis es Zeit war, sie zur Blüte zu treiben. Dann heizte man das Gewächshaus auf 12–15 °C an, aber das durfte nicht zu früh im Jahr sein. Die Pflanzen brauchen Licht, nur dann werden die Blüten schön.

Inzwischen gibt es neuere Sorten von Goldlack, die leichter und schneller zu züchten sind. Man kann sie genauso wie Stiefmütterchen anbauen, und sie sind sogar recht robust gegen Kälte. Viele Sorten haben einen feinen Duft, aber nicht alle. Englische Samenfirmen verkaufen Goldlack in sortierten Farben, es gibt ihn in allen Farbtönen außer blau.

Knollen/Zwiebeln von Traubenhyazinthen, Ranunkeln und Anemonen können im Herbst in Töpfe gepflanzt werden, Stiefmütterchen werden im Herbst ausgesät, wie auch Gänseblümchen und Goldlack. Die frostfreie Überwinterung und Wärme im Vorfrühling bringen sie zum Blühen.

Oben links und rechts: Stiefmütterchen werden im frühen Herbst ausgesät und leuchten draußen ab März in knalligen Farben. Unten links: Grüne Pflanzen überwintert man am besten frostfrei, auch wenn sie etwas Kälte vertragen.

Es kann praktisch sein, einige „normale" perennierende Pflanzen zu züchten und sie zu früher Blüte zu treiben, um sie anschließend auszupflanzen. Das erfordert jedoch, dass man das Gewächshaus nachts etwas beheizen kann, damit die Temperatur nicht unter 5–8 °C fällt. Man muss nur herumprobieren. Populär ist das mit Akeleien, die es in einer Menge neuer schöner Sorten mit nach oben gewandten Blüten gibt.

PRACHT AUS ZWIEBELN

Zwiebelpflanzen sind von allen Frühblühern fast am einfachsten anzubauen. Viele blühen von selbst sehr früh. Blüten und Blätter liegen fertig in der Zwiebel und warten nur auf eine kalte Winterperiode und dann etwas Wärme und Licht im Frühling. Das Schwierigs-

te ist hier eigentlich, frühzeitig die Kälte zu schaffen. Winter ist für die Pflanzen, wenn die Temperaturen unter 7–8 °C liegen, und das muss um die 10 Wochen lang auch so bleiben. Wie lange, hängt von Pflanzenart und Sorte ab, aber ein bisschen auch davon, wie der Sommer war. Profizüchter können uns im Januar blühende Tulpen bringen, weil sie die Zwiebeln schon in September in einen Kühlraum stellen.

Kleine Zwiebeln

Kleine Zwiebeln von Schneeglöckchen, Traubenhyazinthen, Winterlingen und Krokussen sind am einfachsten zu ziehen. Sie brauchen nicht so viel Wärme und Licht, um in Fahrt zu kommen, wachsen schnell und blühen auch, wenn es kalt ist. Draußen blühen sie früh, auch wenn das Frühlingswetter sehr kühl ist.

Sie sind an Kälte gewöhnt und vertragen Minusgrade. Außerdem kann man viele Zwiebeln dicht zusammen in normal große Töpfe setzen und bekommt auf kleiner Fläche viele Blüten. Weil der Topf nicht so groß ist, kann man ihn leicht in einen Übertopf stellen oder draußen in einen Topf pflanzen.

Große Zwiebeln

Narzissen sind ebenfalls recht einfach zu züchten, und auch Tulpen können gelingen. Narzissenzwiebeln sind ziemlich groß und brauchen tiefere Erde, um stabil zu stehen. Das Resultat wird oft etwas unansehnlich und spärlich. Man kann die Zwiebeln in mehreren Schichten pflanzen, um mehr Blüten zu bekommen, aber der Topf muss immer noch tief und weit sein.

Große Tulpen und **Hyazinthen** sind bedeutend schwieriger. Sie brauchen während des Wachstums 15–18 °C und am besten eine Extraportion Licht, um schön zu werden. Hyazinthen brauchen noch mehr Wärme, um in Gang zu kommen, am besten 20–22 °C, dann sollen sie während der Wachstumsphase bei 15 °C stehen. Die Aufzuchtzeit für korrekt gekühlte Zwiebeln von Tulpen und Hyazinthen beträgt 3–4 Wochen. Profizüchter beleuchten die Tulpen, damit Blätter und Blüten schöne Farben bekommen. Wenn man sie zu früh zieht, ist das Licht schlecht und die Blüte wird blass und dünn.

Achten Sie immer darauf, Zwiebeln von guter Qualität zu kaufen, größere sind besser. Sie sind normalerweise teurer, wenn es keine ganz ungewöhnliche Sorte ist. Man muss Zwiebelpflanzen nicht unbedingt zu frühzeitiger Blüte treiben. Man kann sich auch damit zufrieden geben, Zwiebeln in mehreren Schichten in tiefe Töpfe zu pflanzen und sie blühen zu lassen, wenn sie von selbst in Fahrt kommen. Mischt man mehrere Sorten, zum Beispiel frühe und späte Tulpen, sollten die späten Sorten unten gepflanzt werden und die frühen oben.

Bei kleinen Zwiebeln dasselbe: Frühe Schneeglöckchen, Krokusse und Traubenhyazinthen oben, Osterglocken und Tulpen unten. Je größer der Topf oder die Kiste ist, desto besser wird das Resultat, und desto geringer ist das Risiko, dass die Erde einfriert.

Nehmen Sie die Gelegenheit wahr und testen Sie Balkan-Windröschen, doppelte Schneeglöckchen, weiße Traubenhyazinthen und etwas ungewöhnliche niedrige Tulpen, die oft schöne Blätter haben. Wenn man keine

Möglichkeit hat, die Zwiebeln mit Wärme und Licht zu ziehen, werden sie auf jeden Fall ein paar Wochen früher blühen als draußen, so viel Vorteil bietet auch ein Gewächshaus ohne Isolierung und Wärme.

Sparsamkeit

Viele der Zwiebel- und auch Topfpflanzen zur weihnachtlichen Dekoration kann man weiter aufheben. Wenn man Hyazinthen umpflanzt und sie kühl, frostfrei und hell stellt, können sie weiter heranwachsen. Pflanzt man sie im Frühling aus, können sie bis zum nächsten Jahr weiter wachsen. Die Blüte wird nicht

Goldlack ist eine altmodische Frühlingsblume, die es in neuen, leichter zu züchtenden Sorten gibt. Hier in Gesellschaft einer Wildtulpe, die sich selbst ausgesät hat.

SO WIRD'S GEMACHT – ZWIEBELN ZIEHEN

- Die Zwiebeln werden im September in Töpfe oder Kisten gepflanzt. Man setzt sie auf eine 5–10 cm dicke Schicht Pflanzerde.
- Legen Sie die Zwiebeln in mehreren Schichten, sodass viele Blumen dicht aneinander wachsen.
- Bedecken Sie sie mit etwas Erde, noch besser mit Sand. Der soll die Zwiebeln bedecken.
- Gießen Sie, sodass die Erde ordentlich feucht ist. Die Zwiebeln sollen im Topf Wurzeln entwickeln, aber keine Blätter bilden. Dazu während des Herbstes nach Bedarf gießen, die Erde darf weder ganz trocken noch sehr feucht sein.
- Stellen Sie die Töpfe mit den Zwiebeln zuerst nach draußen, so kühl wie möglich, am besten 7–8 °C, aber überdacht. Wenn das Wetter kälter wird, werden sie ins Gewächshaus gestellt.
- Wenn man sie dann für den Winter einpackt, sollte die Erde etwas feucht sein. Die Zwiebeln brauchen etwas Feuchtigkeit um anzuwachsen, aber sie sollen nicht den ganzen Winter über nass stehen, sonst verrotten sie.
- Man vergräbt die Töpfe im Gewächshaus in der Erde und bedeckt sie mit Laub oder anderem isolierendem Material. Die Erde in den Töpfen soll nicht frieren. Markieren Sie mit Stöckchen, wo die Töpfe stehen.
- Bedecken Sie die vergrabenen Töpfe mit Sand anstatt mit Erde. Den Sand kann man leichter abspülen, wenn die Töpfe mit den Zwiebeln ausgegraben und zum Treiben gebracht werden.
- Zu Beginn des neuen Jahres werden die Zwiebeln hervorgeholt. Gießen Sie die Zwiebeln mit lauwarmem Wasser, wenn sie herausgeholt werden. Dann nicht mehr viel gießen, bis die Blütenknospen kommen.
- Sie brauchen jetzt Licht, um nicht lang und schlaksig zu werden, also stehen sie am besten im frostfreien Gewächshaus oder Wintergarten. Kaltweiße Leuchtstoffröhren oder LED-Pflanzenleuchten, wie man sie für Saaten verwendet, funktionieren gut. Notfalls versuchen Sie es mit einer Schreibtischlampe mit LED-Birne oder Leuchtstoffbirne.

mehr ganz so schön sein, aber genauso gut duften. Tulpen aus Weihnachtsschmuck braucht man aber nicht aufheben. Sie blühen im Gegensatz zu Hyazinthen, Weihnachts-Narzissen und Osterglocken nur einmal.

Zu den Weihnachtspflanzen gehören oft auch Usambaraveilchen, die genau wie Weihnachtssterne im Haus weiter gedeihen, aber Schneerosen und Primeln können in warmen Wohnräumen nicht überleben. Stellen Sie sie ins Gewächshaus, sodass sie frostfrei und hell stehen, und pflanzen Sie sie aus, wenn der Frühling kommt.

PERENNIERENDE PFLANZEN AUS SAMEN

Viele der mehrjährigen Gartenblumen sowie Bäume und Büsche können mit Samen vermehrt werden. Andere wie Blaukissen und Phlox können dadurch vermehrt werden, dass man die Pflanzen ausgräbt und teilt. Von manchen kann man auch Triebe nehmen und in einen Topf setzen, genauso wie man es bei Topfpflanzen macht. Wenn man viele Pflanzen haben will, zum Beispiel Lavendel als Randbewuchs, sind Samen eine gute Idee. Es gibt ein enormes Angebot, auch viele Neuigkeiten und ungewöhnliche Pflanzen. Es macht Spaß damit zu experimentieren und es ist eine einfache Weise, sich viele verschiedene Sorten zuzulegen.

Die meisten mehrjährigen Blumen werden im Mai–Juni ausgesät und in Töpfe vereinzelt, wenn sie gekeimt sind. Es ist nicht ratsam, sie direkt in die Bodenerde oder ins Beet zu säen, die Pflanzen haben es schwer, in Konkurrenz mit anderen Pflanzen heranzuwachsen. Es passiert leicht, dass man sie für Unkraut hält und ausreißt. Kleine Pflänzchen sind auch ein beliebtes Schneckenfutter und können auf diese Art verschwinden.

Erstjährig blühende perennierende Pflanzen

Viele neue perennierende Pflanzen werden von den Züchtern veredelt, damit sie bei früher Aussaat schon

Links: Kleine Zwiebeln wie Traubenhyazinthe, Schneeglöckchen und Krokus sind am einfachsten im Topf zu ziehen und zu früher Blüte zu treiben. Oder Sie graben im Vorfrühling grünende Büschel im Garten aus und stellen die im Topf ins Gewächshaus, um früher Blüten zu bekommen.

Weihnachtliche Zwiebelpflanzen und überdauernde Pflanzen stellt man hell und frostfrei ins Gewächshaus, bis es warm genug ist, sie in den Garten zu pflanzen.

WEIHNACHTLICHE ZWIEBELPFLANZEN

Zwiebelpflanzen, die schon zu Weihnachten blühen, sind speziell vorbehandelt worden. Die Zwiebel selbst wird auf eine bestimmte Art mit Wärme behandelt, sodass sie nur eine kurze Kälteperiode braucht, bis sie blüht. Weihnachts-Hyazinthen werden am 15. September gepflanzt, bis etwa 25. November kühl und dunkel gestellt und dann einen Monat bei Licht und Zimmertemperatur gezogen, damit sie zu Weihnachten blühen. Dann brauchen sie um die 22 °C und viel Licht. Wenig Licht macht blasse Blüten.
Weihnachts-Narzissen können innerhalb von 5 Wochen ohne Kühlung zur Blüte getrieben werden. Amaryllis, die speziell behandelt wurden oder aus Südafrika stammen, genauso. Wenn man die nötige Temperatur halten kann, kann man sie gut im Gewächshaus anziehen.

SO WIRD'S GEMACHT - PERENNIERENDE PFLANZEN AUSSÄEN

- Säen Sie perennierende Pflanzen im Frühsommer in Kisten oder Töpfe aus.
- Setzen Sie sie in kleine Töpfe mit guter Erde um.
- Lassen Sie die Pflanzen draußen weiter wachsen, am besten unter einem Dach, damit kein heftiger Regen den empfindlichen Pflänzchen schaden kann.
- Im Herbst stellt man sie ins Gewächshaus oder ins Frühbeet.
- Wenn die Kälte kommt, bedeckt man sie mit Gartenvlies, Plastikfolie oder Strohmatten. Perennierende Pflanzen vertragen in den meisten Fällen Minusgrade, sollten es aber nicht zu kalt haben, wenn sie im Topf stehen.
- Wenn der Frühling und das Licht kommen, nimmt man die Isolierung ab und lässt die Pflanzen in Gang kommen. Sie sollen nicht wie Stiefmütterchen und Primeln zum früheren Grünen und Blühen getrieben werden, sondern einfach einen geschützteren Start bekommen. Man kann die Pflanzen auch gleich ins Freie setzen, bevor sie zu grünen begonnen haben, wenn man es nicht eilig hat.
- Gießen Sie regelmäßig mit Nährstofflösung, genau wie bei den Pflanzen zum Auspflanzen.
- Wenn sie allmählich heranwachsen und grünen, kann man die Töpfe in geschützter Lage nach draußen stellen, um sie nach ein paar Wochen ins Beet auszupflanzen.
- Im Sommer werden die Pflanzen blühen.

Im Gewächshaus kann man mehrjährige Pflanzen zum Auspflanzen aussäen, vorziehen und überwintern. Wenn man die Pflanzen etwas größer werden lässt, werden sie es in der Konkurrenz mit den anderen, die schon dort stehen, leichter haben. Man bekommt viele Pflanzen für wenig Geld, kann Neuheiten ausprobieren und die Rabatten mit Blumen für Sträuße füllen.

im ersten Sommer blühen können. Sie müssen im Januar–Februar ausgesät und auf dieselbe Art wie Sommerblumen vorkultiviert werden, siehe Seite 41.

Perennierende Pflanzen, die im ersten Jahr blühen, blühen oft später, als sie es normalerweise tun würden, und können etwas mickriger bleiben. Wenn man es nicht sehr eilig hat, ist es deshalb besser, im Frühsommer zu säen und ein Jahr auf die Blüte zu warten. Die Pflanzen werden dann kräftiger und blühen besser.

Büsche und Bäume

Viele Bäume und Büsche vermehren sich mit Samen. Eine Gemeinsamkeit vieler Samen von Bäumen und Büschen ist, dass sie Zeit brauchen um zu keimen, ein bis zwei Jahre sind nicht ungewöhnlich. Manche wie Strauch-Pfingstrose und Kartoffel-Rose brauchen auch eine Periode von Winterkälte, um keimen zu können. Die Töpfe mit der Saat können dann während des Winters im Gewächshaus stehen. Schützen Sie sie am besten mit Gartenvlies und Blasenfolie, sodass sie nicht zu sehr frieren. So sind sie gegen Nässe und hungrige Tiere geschützt. Im Sommer lässt man sie draußen unter einem schützenden Netz stehen.

Andere Pflanzen säen sich selbst aus oder bilden Wurzeltriebe. Diese Pflanzen kann man ausgraben und im Winter gegen die schlimmste Kälte im Gewächshaus oder Frühbeet verwahren.

Bäume und Büsche werden auch häufig mit Stecklingen vermehrt. Diese werden im Allgemeinen im Sommer genommen, das hängt von der Pflanzenart ab. Die Stecklinge werden in einem Minitreibhaus, das im Gewächshaus steht, vor Austrocknung geschützt. Viele Gartenpflanzen wie Hortensien und Lavendel können auf diese Weise vermehrt werden.

PERENNIERENDE PFLANZEN ZUM AUSSÄEN

Hier präsentieren wir eine Auswahl an perennierenden Pflanzen, die man säen kann. Man muss in manchen Fällen noch etwas nachlesen, man kann zum Beispiel nicht alle Sorten von Purpurglöckchen durch Samen vermehren. Viele Pflanzen bilden Samen, aber es ist absolut keine Selbstverständlichkeit, dass man die gleiche Blütenform und -farbe bekommt wie die Pflanze sie

PERENNIERENDE PFLANZEN ZUM AUSSÄEN

In Einzelfällen muss man noch etwas nachlesen, zum Beispiel lassen sich nicht alle Sorten von Purpurglöckchen durch Samen vermehren. Viele Pflanzen bilden Samen, aber es ist nicht garantiert, dass man die gleiche Blütenform und -farbe bekommt wie bei der Mutterpflanze. Hybriden sind auch nicht immer genetisch stabil, ihre Nachkommen sehen dann anders aus als die Mutterpflanze.

Duftnessel, *Agastache foeniculum*
Gemeine Schafgarbe, *Achillea millifolium*
Stockrose, *Alcea rosea* (zweijährig)
Akelei, *Aquilegia*
Gänsekresse, *Arabis*
Grasnelke, *Armeria*
Große Sterndolde, *Astrantia major*
Blaukissen, *Austretia × cultorum*
Gänseblümchen, *Bellis perennis*
Großblütige Bergminze, *Calamintha grandiflora*
Karpaten-Glockenblume, *Campanula carpatica*
Marien-Glockenblume, *Campanula medium* (zweijährig, mehrjährig)
Pfirsichblättrige Glockenblume, *Campanula persicifolia*
Rittersporn, *Delphinium*
Bartnelke, *Dianthus barbatus* (zweijährig)

Heide-Nelke, *Dianthus deltoides*
Feder-Nelke, *Dianthus plumarius*
Roter Fingerhut, *Digitalis purpurea*
Purpur-Sonnenhut, *Echinacea purpurea*
Flachblatt-Mannstreu, *Eryngium planum*
Kokardenblume, *Gaillardia × grandiflora*
Nelkenwurz, *Geum*
Purpurglöckchen, *Heuchera*
Breitblättrige Platterbse, *Lathyrus latifolius*
Lavendel, *Lavendula angustifolia*
Großblumige Margerite, *Leucanthemum × superbum*
Margerite, *Leucanthemum vulgare*
Vielblättrige Lupine, *Lupinus polyphyllus*
Russel-Lupine, *Lupinus × regalis*
Brennende Liebe, *Lychnis chalcedonica*
Hybrid-Katzenminze, *Nepeta × faassenii*
Sitzende Katzenminze, *Nepeta subsessilis*
Türkischer Mohn, *Papaver orientale*
Gelenkblume, *Physostegia virginiana*
Gartenprimel, *Primula polyantha-Gruppe*
Stängellose Schlüsselblume, *Primula vulgaris*
Großblütige Braunelle, *Prunella grandiflora*
Sonnenhut, *Rudbeckia*
Steppen-Salbei, *Salvia nemorosa*
Rotblütige Wucherblume, *Tanacetum coccineum*
China-Wiesenraute, *Thalictrum delavayi*
Trollblume, *Trollius*
Hornveilchen, *Viola cornuta-Gruppe*

hatte, von der man die Samen genommen hat. Hybriden sind auch genetisch nicht immer stabil, ihre Nachkommen sehen dann anders aus als die Mutterpflanze.

HERRLICHE KRÄUTER

Viele Kräuter sind mehrjährig und können genauso wie perennierende Pflanzen gesät und im folgenden Jahr ausgepflanzt werden. Wichtig für die meisten sind ein sonniger Standort und ein gut drainierter Boden. Die Erde sollte locker und sandig sein und schnell abtrocknen. Stehen die Pflänzchen feucht, wenn der Winter kommt, besteht das Risiko, dass sie verrotten.

Wer Geduld hat, kann viele Bäume und Büsche mit Samen oder Stecklingen vermehren. Viele Strauch-Pfingstrosen aus Samen sind Schönheiten, die es selten im Handel gibt.

Viele mehrjährige Kräuter sind dankbare Pflanzen. Einige können durch Samen vermehrt werden, wie Echter Salbei, Echter Thymian, Lavendel, Oregano, Minze und Ysop.

Die traditionellen Sorten, die es in vielen Gärten gibt, sind Kräuter, die mit Samen vermehrt werden. Außer ihnen gibt es noch viele schöne rotblättrige, buntblättrige und weißgesprenkelte Sorten von Salbei, Minze und Oregano. Sie lassen sich selten aussäen, sondern müssen oft durch Stecklinge oder Teilung vermehrt werden, wie auch manche Thymiansorten. Diese kann man wie Büsche vermehren (siehe Seite 127) und dann die jungen Pflänzchen während des ersten Winters im Gewächshaus verwahren.

Die nebenstehend aufgeführten Kräuter lassen sich gut aussäen. Sie liefern reiche Ernten, das heißt würzig duftende Blätter, die im Essen verwendet werden können. Die meisten üblichen Kräutersorten sind dabei, außer Estragon. Der Estragon, den man als Gewürz verwendet, ist französischer Estragon, der sich nicht aussäen lässt. Wenn man Estragonsamen kauft, dann sind es Samen des russischen Estragon. Er ist nicht annähernd so gut, aber das steht selten auf dem Samentütchen.

MEHRJÄHRIGE KRÄUTER ZUM AUSSÄEN

Knoblauch, *Allium sativum*
  (wird oft als Zwiebel gesetzt)
Schnittlauch, *Allium schoenoprasum*
Schnittknoblauch, *Allium tuberosum*
Eberraute, *Artemisia abrotanum*
Wermutkraut, *Artemisia absinthium*
Ysop, *Hyssopus officinalis*
  (kann rosa und weiße Blüten bekommen,
  aber die meisten werden blau)
Lavendel, *Lavendula angustifolia*
Liebstöckel, *Levisticum officinale*
Zitronenmelisse, *Melissa officinalis*
Pfefferminze, *Mentha × piperita*
Süßdolde, *Myrrhis odorata*
Oregano, *Origanum vulgare*
Petersilie, *Petroselinum crispum* (zweijährig)
Rosmarin, *Rosmarinum officinalis* (nicht winterhart)
Echter Salbei, *Salvia officinalis*
Echter Thymian, *Thymus vulgaris*

EINJÄHRIGE KRÄUTER ZUM AUSSÄEN

Dill, *Anethum graveolens*
Echter Kerbel, *Anthriscus cerefolium*
Echter Kümmel, *Carum carvi*
  (kann mehrjährig sein)
Koriander, *Coriandrum sativum*
Fenchel, *Foeniculum vulgare*
Basilikum, *Ocimum basilicum*
Majoran, *Origanum majorana*
  (kann mehrjährig sein)
Anis, *Pimpinella anisum*

Eine Samenpflanze: Lavendel

TOPFPFLANZEN
— STECKLINGE UND AUSSAAT

Vielen Zimmerpflanzen geht es im Winter richtig schlecht. Das liegt an den hohen Zimmertemperaturen und der trockenen Luft in unseren Wohnungen bei gleichzeitig kümmerlichem Licht.

Früher war es einfacher, Topfpflanzen durch den Winter zu bringen. Sie wurden während des Winterhalbjahrs in „die gute Stube" gestellt, die nur zu festlichen Gelegenheiten beheizt wurde. Außerdem hatte man eine Glasveranda, einen Vorratskeller, Erdkeller und andere kühle Räume. Wärme und Licht gehören zusammen, was Pflanzen betrifft. Wenn das Licht schlecht ist, kann man die Temperatur senken und eine Pflanze so durch den Winter bringen. Die Kombination Wärme und Dunkelheit ist nicht gut für Pflanzen, mit Ausnahme von Usambaraveilchen. Zimmerpflanzen brauchen oft viel Licht, aber auch relativ viel Wärme, also ist eine Überwinterung in einem kalten, aber hellen Gewächshaus hier kaum möglich. Wenn sie im Gewächshaus überwintert werden sollen, muss man es konstant auf etwa 15 °C aufheizen, was teuer wird.

Im Frühling kann man das Gewächshaus aber sinnvoll zur Verjüngung von Topfpflanzen verwenden. Wenn die Triebe dann lang sind, einen großen Abstand zwischen den Blättern und lange Blattschäfte haben, liegt das am Lichtmangel. Lange, vom Winter schwächliche Pflanzen, die zurückgeschnitten und kühl und hell ins Gewächshaus oder den Wintergarten gestellt werden, wenn der Frühling kommt, bilden viele dichte Triebe. Der Abstand zwischen den Blättern wird kleiner, je mehr Licht die Pflanze bekommt. Die Zimmerpflanzen bekommen so einen frischen und buschigen Wuchs.

TOPFPFLANZEN VERMEHREN

Die Triebe, die man von den alten Pflanzen abschneidet, können als Stecklinge für neue Pflanzen verwen-

SO WIRD'S GEMACHT - STECKLINGSVERMEHRUNG

- Schneiden Sie die langen, dünnen Triebe der Zimmerpflanzen ab.
- Nehmen Sie einen abgeschnittenen Trieb und schneiden Sie ihn unter einem Blattansatz ab. Je nach Pflanzenart sollte das Endstück mit Spitze plus zwei bis drei Blätter übrig bleiben. Entfernen Sie davon das unterste Blatt.
- Füllen Sie einen Topf mit Erde, drücken Sie die Erde etwas zusammen und gießen Sie sie. Stecken Sie dann den Stängel 2–3 cm tief in die Erde.
- Stülpen Sie eine Plastiktüte darüber oder stellen Sie den Topf in ein Minitreibhaus.
- Lüften Sie regelmäßig und entfernen Sie das Kondenswasser, das sich bildet. Im Minitreibhaus kann man kleine Luken öffnen oder einen Spalt zwischen Kiste und Deckel lassen.

det werden. Wenn man ein von unten beheiztes Mini-treibhaus hat, ist das ein gutes Hilfsmittel, um schnell Wurzeln zu bekommen. Pflanzen verlieren durch die Blätter Wasser und nehmen mit den Wurzeln neues auf. Stecklinge haben keine Wurzeln, mit denen sie Wasser aufnehmen können, und müssen in feuchter Luft ste-hen, um nicht auszutrocknen. Man braucht eine Tüte oder einen Deckel, damit der Steckling nicht austrock-net, bevor er Wurzeln ausbildet. Es darf jedoch nicht zu viel Feuchtigkeit sein, sonst können sie verrotten. Nach einigen Tagen hat man das Kondenswasser weg-gelüftet oder abgewischt. Wenn der Deckel nur noch ein bisschen beschlagen ist, ist die Feuchtigkeit richtig.

Blattstecklinge

Königs-Begonie, Drehfrucht und Usambaraveilchen können mit Blättern vermehrt werden. Aus einem einzigen Blatt können viele kleine identische Pflanzen werden. Usambaraveilchen entwickeln an jedem Blatt-schaft, der in die Erde gesteckt wird, kleine Pflanzen.

Samen

Viele Topfpflanzen kann man auch aus Samen ziehen, zum Beispiel Buntnessel und Papageienblatt. Ein von unten beheiztes Minitreibhaus ist den ganzen Frühling über ein guter Platz für die Aussaat; das Gewächshaus in der warmen Jahreszeit immer eine Option. Die neu-en Pflanzen werden buschig im Wuchs, bekommen hübsch gefärbte Blätter und blühen früher als im Frei-land. Viele Pflanzen haben eine lange Keim- und Ent-wicklungszeit, bevor sie groß genug werden, dann ist das Gewächshaus in der ersten Zeit der beste Ort.

Blaues Lieschen, Geranie, Fuchsie, Browallia und Passionsblume sind alle leicht zu zu ziehen, aber brau-chen etwas Zeit und Licht, um schön zu werden. Das Gewächshaus erweitert die Möglichkeiten. Säen Sie nach Packungsanweisung und machen Sie es wie bei den Sommerblumen (siehe Seite 41).

Oben: Viele Topfpflanzen und Sommerblumen lassen sich leicht durch Stecklinge vermehren. Mitte: Fuchsiensteck-ling, der im Topf direkt in die Erde gesteckt wurde. Der Topf schräg in der Plastiktüte bildet einen Wasserspeicher in der Ecke und feuchte Luft. Die Tüte wird an einem hel-len Ort aufgehängt. Unten: Wenn der Steckling genügend Wurzeln gebildet hat, kann er umgepflanzt werden.

Im Gewächshaus eines Sammlers stehen zahlreiche Geranien. Viele Blumen werden vom Regen hässlich, Sorten wie Rosebud-Geranien und andere mit gefüllten Blüten stehen am besten überdacht.

Stecklinge und Pflänzchen kaufen

Im Frühling gibt es eine Menge kleiner Pflänzchen und Stecklingspflanzen zu kaufen. Dies ist eine Gelegenheit, sich besondere Sorten und hübsche Blumen zu einem niedrigen Preis zu besorgen. Wenn man sie in nährstoffreiche Erde pflanzt und in ein Gewächshaus oder auf einen verglasten Balkon stellt, gedeihen sie prächtig und blühen reichlich. Stellt man sie dann aus dem Gewächshaus in Wohnräume, müssen sie meist mit deutlich weniger Licht auskommen. Der beste Zeitpunkt, das zu tun, ist im Sommer oder Frühherbst, wenn es drinnen immer noch hell ist. Auf diese Weise können die Pflanzen sich den Herbst über an das reduzierte Licht anpassen. Wenn sie direkt aus einem hellen Gewächshaus in ein dunkles Wohnzimmer gestellt werden, werden manche Zimmerpflanzen, die man kauft, nach einigen Tagen ganz blass und schlapp.

DAS GEWÄCHSHAUS DES SAMMLERS

Geranien und Fuchsien sind dankbare und blühfreudige Pflanzen, die eine unglaublich lange Blütezeit haben. Besonders **Geranien** passen gut ins Gewächshaus, weil sie selten von Schädlingen befallen werden.

Viele ungewöhnliche Geranien mögen es auch im Sommer überdacht und sind empfindlich gegen Wind, wie zum Beispiel Rosebud-Geranien. Die gefüllten Blüten verrotten leicht, wenn sie draußen im Regen stehen, und die schweren Blütenstiele können dabei knicken.

Pflanzen, die den ganzen Sommer über draußen oder im Gewächshaus gestanden haben, sind normalerweise sehr kräftig und robust. Sie blühen noch im Herbst lange, und bei 7–8 °C können sie auf einem verglasten Balkon den ganzen Winter über blühen.

Im Winter können sie im Gewächshaus verwahrt werden, wenn man die Temperatur immer über 0° C hält. Sie überwintern besser hell und kühl als dunkel und kühl, auch wenn das ebenfalls möglich ist.

Fuchsien sind weniger empfindlich und vertragen sowohl Kälte (bis knapp unter 0 °C) als auch Dunkelheit besser. Allerdings werden sie leicht von Weißen Fliegen befallen, man muss gegebenenfalls mit Pflanzenschutzmitteln dagegenhalten. Lassen Sie die Töpfe im Winter nicht ganz austrocknen, die Erde sollte etwas feucht sein.

Im Gewächshaus kann man Geranien und Fuchsien auch ganz einfach durch Stecklinge vermehren. Die Pflanzen bekommen Licht und gedeihen gut, sie bilden viele Triebe anstatt einzelner langer.

Eine weitere Pflanze, die aus Sammlergesichtspunkten verlockend ist, ist die **Engelstrompete**. Sie bringt eine herrliche Blütenpracht und üppiges Grün. Die Pflanzen sind groß und kräftig im Wuchs, aber nicht winterhart. Man pflanzt sie am besten in Töpfe oder Kisten. Man beginnt mit einem kleinen Topf und topft sie während der Saison mehrmals in immer größere Töpfe um. Bald hat man blühende Engelstrompetenbäumchen im Gewächshaus, die während warmer Sommer auch nach draußen gestellt werden können. Es gibt viele Sorten, deren Blüten sehr unterschiedlich sein können. Bedenkenswert ist, dass manche Sorten stark duften. Zum Überwintern brauchen sie 5–10 °C, dieselbe Temperatur wie Zitruspflanzen und Kamelien. Engelstrompeten können glücklicherweise dunkel verwahrt werden, es ist also auch möglich, sie in Vorratskeller, Garage oder einen beheizten Schuppen zu stellen.

Topfpflanzen auf Besuch

Während des Sommers kann man zwei Fliegen mit einer Klappe schlagen: Den Topfpflanzen Urlaub gönnen und gleichzeitig das Gewächshaus schmücken. Viele Topfpflanzen stehen im Sommer gerne im Gewächshaus. Dort können sie Energie für den Winter sammeln. Es gibt auch keine Schwierigkeiten beim Überwintern, sie können einfach wieder ins Haus gestellt werden,

wenn der Herbst kommt. Im Gewächshaus gibt es mehr Licht und feuchtere Luft als drinnen. Die Topfpflanzen werden pflegeleichter, man kann sie im Gewächshaus ohne Probleme abduschen. Wenn man in den Urlaub fährt und der Nachbar gießen muss, ist das Gewächshaus ein guter Ort, um alle Pflanzen zu sammeln.

Grünpflanzen wie Gemeiner Efeu, Efeutute, Klimme, Königs-Begonie, Fensterblatt und Dieffenbachie bevorzugen einen halbschattigen bis schattigen Ort. Sie können wunderbar am Boden stehen. Blühende Pflanzen wie Hibiskus und Porzellanblume fühlen sich in der Sonne wohl. Auch sie brauchen jedoch in den ersten Tagen etwas Schatten, um nicht zu verbrennen. Kakteen und Fettblattpflanzen wollen Sonne und wenig Wasser.

Für schöne und gesunde Pflanzen sollten sie Topfpflanzen oft abduschen, wenn sie im Gewächshaus stehen. Für einen frischen, kräftigen Wuchs kann man die Pflanzen auch beschneiden, wenn man sie ins Gewächshaus stellt. Gießen Sie sie regelmäßig mit einer schwachen Nährstofflösung, aber duschen Sie sie mit sauberem, lauwarmem Wasser.

Halten Sie die Augen nach Schädlingen offen. Blattläuse und Weiße Fliegen sowie Thripse sind üblich. Man bekämpft sie durch regelmäßiges Abduschen und Behandlung mit Pflanzenschutzmitteln nach Packungsanweisung. Wenn viele Pflanzen zusammen an einem Ort stehen, ist das Risiko für Schädlinge größer. Auch unliebsame Gäste wie Schnecken können über die Töpfe auf die Pflanzen kriechen. Sammeln und töten Sie Schnecken und streuen Sie Schneckenkorn in die Töpfe, wenn es Probleme gibt.

Hat man besondere Interessen wie die Orchideenzucht, sind Wissen und ein aufwendigeres Gewächshaus erforderlich. Es gibt viele Vereinigungen für Enthusiasten und Sammler, in denen man Erfahrungen austauschen kann und Ratschläge bekommt. Ein Gewächshaus für Orchideenanbau erfordert sowohl ganzjährige Beheizung und Beleuchtung als auch spezielle Pflege. Dafür gibt es spezielle Literatur.

Linke Seite: Frisch gepflanzte Fuchsienstecklinge, die Wurzeln geschlagen haben, sind vom Gewächshaus in Schattenlage umgezogen. Oben: Geranie ‚Appleblossom Rosebud'. Unten: Weihnachtsamaryllis mit Blättern, die nach der Blüte kommen, beim Weiterwachsen im Gewächshaus.

WAHL DES GEWÄCHSHAUSES
– PLATZIERUNG, GERÜST, MATERIAL

Ein Gewächshaus ist der Traum vieler, und in den meisten Fällen ist er glücklicherweise erfüllbar. Wenn man alle Möglichkeiten des Gewächshauses nutzt, hat man nach ein paar Jahren die Anschaffungskosten wieder eingespart, aber die Freude am Anbau ist ohnehin nicht in Geld aufzuwiegen.

Es gibt keinen Grund, den Kauf und Bau eines Gewächshauses schwierig zu gestalten. Das einfachste ist, ein montagefertiges Gewächshaus zu kaufen. Es gibt eine Menge Hersteller, die Verkaufsstellen in Deutschland haben. Montagefertige Gewächshäuser sind normalerweise billiger, ohne dabei schlechter zu sein als individuell entworfene. Wenn man bestimmte Wünsche hat, was Farbe, Höhe und Größe angeht, werden diese oft gegen Aufpreis berücksichtigt. Der Vorteil von montagefertigen Gewächshäusern ist, dass die wichtigsten Details durchdacht sind und funktionieren. Erkundigen Sie sich im Zweifelsfall, ob diese Gewächshäuser den Vorschriften für Baugenehmigungen unterliegen.

Wenn man selbst bauen möchte, schauen Sie sich zunächst montagefertige Gewächshäuser an und achten Sie darauf, wie verschiedene technische Probleme gelöst wurden. Man kann ganz wunderbar in einem Gewächshaus Pflanzen ziehen, das aus alten Fenstern oder ähnlichem gebaut ist. Wichtig ist, dass man das Gewächshaus so baut, dass es gut durchlüftet werden kann, und dass es nicht zu dunkel ist. Das Verhältnis zwischen Glasfläche und Gerüst muss ausgewogen sein.

Der Standort

Beginnen sollte man mit der Wahl eines geeigneten Platzes im Garten. Es gibt gute und schlechtere Lagen.

Das Gewächshaus sollte sonnig liegen. Vor allem darf es im Winter, wenn die Sonne niedrig steht, nicht von Schuppen, Hecken und Bretterzäunen beschattet werden. Im Sommer ist das ein geringeres Problem, aber ein schattiges Gewächshaus bleibt kühl, dunkel und grün von Algenschichten.

Die Schmalseiten sollen am besten nach Osten und Westen zeigen, sodass eine Längsseite nach Süden gerichtet ist. Wenn das Gewächshaus an einer Hauswand, einer Garage oder Ähnlichem entlang gebaut ist, sollte die andere Längsseite nach Süden weisen.

Am besten liegt ein Gewächshaus windgeschützt. Je windiger es ist, desto schlechter kann es die Wärme halten. Wenn man es nicht beheizt, will man die Wärme ja behalten, die die Sonne spendet. Hat man eine Heizung installiert, wird es teurer, weil viel Wärme abgezogen wird.

Vieleckige Gewächshäuser sind schick. Schön als Kaffeeplatz, aber etwas schwerer zu belüften und zu bepflanzen.

Ein typisches kleineres Aluminiumgewächshaus, wie es in den letzten 30 Jahren üblich war.

Vermeiden Sie einen Platz unter großen Bäumen, die Baumwurzeln können den Sockel des Gewächshauses verschieben. Baumwurzeln suchen sich leicht ihren Weg unter das Gewächshaus und nehmen den Dünger aus der Erde auf. Das Gewächshaus wird dort auch schnell schmutzig von Vogelkot und Ausscheidungen von Insekten sowie Laub und Pflanzenresten, die auf das Dach fallen.

Wählen Sie einen Platz, an dem sich das Gewächshaus in den Garten gut einfügen kann. Es soll so aussehen, als hätte das Gewächshaus schon immer dort gestanden, als gehörte es zu Haus und Garten.

Sich den Gegebenheiten anpassen

Dies alles sind Empfehlungen, wie ein Gewächshaus platziert werden sollte. Oft ist die Wirklichkeit anders, weil man sich dem Grundstück und dem Haus anpassen muss. Man hat nur einen möglichen Platz in seinem Garten, den muss man nehmen. Wenn man weiß, welche Nachteile der Platz hat, kann man versuchen, etwas dagegen zu tun. Eine neue Hecke ein Stück vom Gewächshaus entfernt kann Windschatten spenden, ein Licht raubender Ast kann vielleicht abgesägt werden. Wenn das Gewächshaus unter einem großen Baum steht, muss man Dach und Dachrinnen regelmäßig von Laub befreien, wenn es schattig ist, muss man die Fenster öfter von Algenbelag reinigen.

Beachten Sie beim geplanten Aufbau eines frei stehenden Gewächshauses oder eines Anbaus an ein bestehendes Gebäude immer, dass baurechtliche Vorschriften einzuhalten sind, was die Größe der Bauten und die Abstände zum Nachbargrundstück betrifft. Von Bundesland zu Bundesland gibt es dabei Unterschiede. In Hessen wird für 30 Kubikmeter umbauten Raum inklusive Dachüberstand eine Baugenehmigung benötigt. In Rheinland-Pfalz ist man großzügiger, hier wird erst ab 50 Kubikmeter eine Baugenehmigung erforderlich, und in Bayern darf man sogar bis 75 Kubikmeter eine Hütte ohne amtliches Einverständnis bauen. Beim Abstand des Baukörpers zum Nachbargrundstück wird es

Ein neues Aluminiumgewächshaus mit besonders funktionaler Form, die gut zu den durchgestylten modernen Wohnhäusern passt.

in aller Regel ab 3 Meter oder weniger kritisch. In der jeweiligen Landesbauordnung sind genehmigungsfreie bzw. verfahrensfreie Bauvorhaben aufgeführt. In der Regel erfolgt eine Beschränkung durch Grundfläche und/oder Rauminhalt. Sollte für das Grundstück ein Bebauungsplan existieren, können dort auch individuelle Festlegungen getroffen sein. Die Landesbauordnungen der Bundesländer sind hier aufgeführt: www.bauregelwerk.de. Fragen Sie im Zweifel aber besser vorab beim zuständigen Bauamt bzw. Katasteramt nach und lassen Sie sich eine schriftliche Bestätigung geben!

Hilfe von Firmen

Es kann schwierig und streng reglementiert wirken, aber ein Gewächshaus ist sehr einfach zu errichten. Die meisten Firmen, die Gewächshäuser liefern, haben ausgezeichnete Bauanleitungen und können mit Informationen über eventuelle Restriktionen behilflich sein. Die montagefertigen Häuser sind den geltenden Regeln angepasst.

Dadurch, dass Gewächshäuser üblicherweise durchsichtig sind, beeinträchtigen sie die Aussicht der Nachbarn und die Umwelt auch nicht so sehr wie ein normales Haus. Daher gibt es selten Probleme mit der Baugenehmigung. Ein größeres Gewächshaus hat genug Platz, um Weintrauben und Kiwi unter einem Dach zu haben, Zitruspflanzen zu überwintern und es den Großteil des Jahres zu genießen. Je mehr Volumen ein Gewächshaus hat, desto länger dauert es, bis es darin warm wird, was im Sommer von Vorteil, im Winter aber weniger erwünscht ist.

Wintergarten

Man sollte jedoch bedenken, dass alle die genannten Bauvorschriften in der Regel für freistehende Gewächshäuser gelten. Will man direkt an sein Wohnhaus anbauen oder eher einen Wintergarten als ein puristisches Gewächshaus, gelten manchmal eigene Regeln.

Was das Anpflanzen betrifft, macht es keinen großen Unterschied, die Informationen über Pflanzen und Anbau gelten also in jedem Fall. Oft verkaufen die Anbieter beide Varianten, man kann sich also von ihnen Hilfe holen.

WAHL VON FARBE UND FORM

Wenn man den Standort ausgewählt hat, ist es Zeit, sich für Farbe, Form und Größe zu entscheiden. Diese Entscheidung ist weitgehend unabhängig davon, was für ein Fundament erforderlich ist. Die Art des Fundaments hängt davon ab, wie das Gewächshaus verwendet werden soll (siehe Seite 151).

Wenn man sich für ein Gewächshaus entscheidet, ist es wichtig, dass es in die Umgebung und zum Wohnhaus passt. Das Material des Gerüsts und das Deckmaterial bestimmen das Aussehen. Ein viktorianisches Gewächshaus im Orangerie-Stil passt nicht zu einer funktionalistischen Villa, und ein modernes Aluminiumgewächshaus nicht zu einem alten Fachwerkbauernhof.

Am üblichsten ist ein rechteckiges Gewächshaus, aber es kann mehr oder weniger langgestreckt sein. Die kleinsten Gewächshäuser sind fast quadratisch. Teilt man das rechteckige Gewächshaus in der Mitte am First entlang, bekommt man ein sogenanntes Wandgewächshaus, auf Englisch „mural", da diese oft an eine Mauer gestellt werden. Die unverglaste Längsseite kann an einer Hauswand, einem Bretterzaun, einer Garage oder einer Mauer stehen.

Ein traditionelles Gewächshaus war früher eher länglich und niedrig mit steilem Dach. Es konnte so weit in den Boden abgesenkt sein, dass die Dachschräge schon auf Bodenniveau begann. Das dient der besseren Wärmespeicherung. Wenn das Gewächshaus alt aussehen soll, sollte man eine längliche Form wählen.

In einem runden Gewächshaus pflanzt man an den Seiten entlang und hat in der Mitte auf Wunsch Raum für einen Sitzplatz. In einem länglichen Gewächshaus ist es allerdings einfacher, die Fläche effektiv zu nutzen.

Im Anschluss ans Haus

Ein Wandgewächshaus mit der einen Längsseite an einer Hauswand bekommt viel Wärme gratis. Die Hauswand isoliert, und wenn sie aus Ziegel oder Stein ist, speichert sie außerdem Wärme, die in der Nacht abgegeben wird. Das Gewächshaus braucht auch weniger Energie, weil die eine Wand im Windschatten liegt. Im Hinblick auf die Wärmenutzung ist ein Gewächshaus an einer Hauswand vorzuziehen. Wenn man es vom Haus aus öffnen kann, hat man auch die Möglichkeit, es im Frühjahr und Herbst als herrlichen Kaffeeplatz zu nutzen. Der Nachteil ist, dass es zu warm werden kann. Man muss den ganzen Dachfirst entlang Dachluken und Lüftungsfenster haben. Wenn man selbst baut, sollte man beim Dachwinkel und der Belüftung genau aufpassen. Die fast flachen Dächer, die man bei vielen Wintergärten sieht, können selten anders als durch die Türen belüftet werden.

Das Gerüst

Die heutigen Gewächshäuser haben normalerweise ein Gerüst aus **Aluminium**, was für den Zweck sehr gut geeignet ist. Es kann mehr oder weniger kräftig lackiert oder aluminiumfarben sein. Es hält auch unbehandelt viele Jahr lang, die Farbe verwendet man nur wegen des Aussehens. Selbst im salzigen, windigen Meeresklima kann ein Gewächshausgerüst aus Aluminium über 30 Jahre stehen, ohne Schaden zu nehmen. Es wird zwar matter und grauer werden, aber im Übrigen nicht beeinträchtigt.

Ein Gerüst aus **Holz** ist schön, aber bei modernen Gewächshäusern weniger üblich. Holz ist in der Regel teurer, auch wenn das Material an sich billiger sein könnte. Holzgerüste erfordern mehr Wartung. Selbst ein Gewächshaus aus Lärchenholz, das fast wartungsfrei sein soll, muss regelmäßig behandelt werden.

Früher waren die meisten Gewächshäuser aus Holz, was viel Kratzen, Putzen und Streichen mit sich brachte. Das Verhältnis zwischen der Größe der Gläser und der Dicke des Holzgerüsts war früher auch noch anders als heute. In älteren Gewächshaus gab es mehr Holzfläche im Verhältnis zur Glasfläche.

Das Holzgerüst war weiß gestrichen, da auf diese Weise das Licht vom Gerüst ins Gewächshaus reflektiert wird. Dies ist im Winter, Frühling und Herbst wichtig. Wenn man vor allem daran interessiert ist, im Sommer anzubauen, braucht man wegen des Lichts nicht weiß zu streichen.

Das Verhältnis zwischen Glasfläche und Gerüst ist im Sommer auch nicht so wichtig, nur während der dunk-

Kombination aus Wintergarten und Gewächshaus im Anschluss zum Schuppen, sodass es sich gut in den Garten einpasst. Schattierung durch Bambusrollos.

len Jahreszeit. Holz, das in Kontakt mit der Erde steht, sollte imprägniert sein, damit es länger hält.

Größere Gewächshäuser waren früher aus **Eisen**, riesige, schwere Konstruktionen, die ebenfalls weiß gestrichen wurden. Eisengerüste sind nicht mehr aktuell, außer bei Bogengewächshäusern, die mit Plastikfolie bedeckt werden.

Farbwahl

Die meisten Aluminiumgerüste sind gegen Aufpreis lackiert erhältlich. Man kann es nicht selbst streichen, es muss vor der Montage mit speziellem Pulverlack lackiert werden. Die Kosten sind im Verhältnis zum Gesamtpreis recht hoch, aber die Farbe prägt das Erscheinungsbild schon stark.

Bei der Wahl der Farbe sollte man daran denken, wie viel man vom Gerüst sehen wird. In bestimmten Konstruktionen wird das Glas von breiten Silikonleisten am Platz gehalten. Sie verdecken einen großen Teil des Ge-

rüsts, was bedeuten kann, dass die Farbe nicht denselben Effekt hat, wie man dachte. Es sieht von innen auch anders aus als von außen. Auch ein Aluminiumgerüst kann weiß lackiert werden und damit ein traditionelleres Aussehen erhalten.

Alt oder neu

Für diejenigen, die traditionell sein wollen oder in einer besonders sensiblen Umgebung wohnen, gibt es auch montagefertige Gewächshäuser aus Holz. Wenn man selbst ein Gewächshaus bauen will, ist ein Gerüst aus Holz am einfachsten. Aluminium und Eisen erfordern spezielle Kenntnisse und Werkzeuge.

Wenn man ein Gewächshaus im altmodischen Stil haben möchte, ist die Größe der Scheiben wichtig. Die weißen Gewächshäuser mit kleinen Fenstern waren bis in die 1950er Jahre üblich. Dann wurden mehr und mehr große Fensterscheiben eingesetzt. Die heutigen Gewächshäuser haben große Glasscheiben. Will man

Hier sieht man den optischen Unterschied zwischen einem Holzgewächshaus mit kleinen Glasscheiben und den bedeutend größeren Polycarbonatscheiben in einem Aluminiumgerüst.

ein Gewächshaus, das richtig alt aussieht, sollte man kleine Glasscheiben nehmen und sie zusammenkitten. Wenn man ein Gewächshaus aus alten Fenstern baut, sollte man die zuerst renovieren.

Gewächshaus für den Anbau

Für alle, die nur am Pflanzenanbau interessiert sind, und nicht am Aussehen oder einem Kaffeeplatz, ist ein Tunnelgewächshaus eine Alternative. Bögen, die mit armierter Baufolie bespannt sind, sind bei Profigärtnern recht üblich. Der Vorteil ist, dass das Gewächshaus umgestellt werden kann und man viel Anbaufläche für wenig Geld bekommt. Es ist allerdings schlechter isoliert und schwer zu belüften.

DECKMATERIAL

Die größte und schwerste Entscheidung ist, welches Deckmaterial man verwenden möchte. Ein Gewächs-haus kann mit Glas oder Polycarbonat, einer harten Plastikplatte, verkleidet werden. Das macht einen gro-ßen Unterschied in Aussehen, Durchsichtigkeit, Iso-lierfähigkeit und Preis. Weniger üblich ist Plastikfolie, die über Bögen gespannt oder gehängt wird.

Glas

Glas ist das üblichste und billigste Material. Es ist klar und durchsichtig. Es isoliert schlecht, lässt aber am meisten Licht herein. Glas kann zur Isolierung zwar mit einer Metallschicht bedampft werden. Das ist aber eine teure Behandlung, und es gibt bessere Arten, Glas-gewächshäuser zu isolieren.

Glas ist schwer, die Konstruktion muss das Gewicht tragen können. Es kann unterschiedlich dick sein, was die mögliche Größe der Scheiben beeinflusst. Der Vor-teil an kleinen Scheiben ist, dass sie leicht zu montie-ren und auszuwechseln sind. Wenn eine Scheibe kaputt geht, ist es nicht teuer, eine neue zu kaufen.

Altmodische energie- und platzsparende Wandgewächshäuser gibt es auch als Bausatz aus Aluminium.

Etwas größere montagefertige Gewächshäuser haben normalerweise 75 cm Abstand zwischen den Aluminiumsprossen. Die Scheiben können genauso hoch wie die Seiten des Gewächshauses sein oder eine Fuge in der Mitte haben. Das ist schön und pflegeleicht, aber schwer zu montieren und teuer zu wechseln.

Nasser Schnee wird sehr schwer und kann sowohl das Glas als auch das Gerüst eindrücken. Das ist zwar sogar bei starkem Schneesturm recht selten, aber es kann passieren. Ein Glasdach muss deshalb relativ steile Neigung haben. Die Stürme der letzten Jahre haben mit ihrer Wucht viele Gewächshäuser beschädigt und Gerüste verzogen. Normales Glas splittert in großen, scharfkantigen Stücken, während gehärtetes Sicherheitsglas in kleine, sichere viereckige Stücke zerbröselt.

Plastik

Am üblichsten im Gewächshausbau sind harte, zweischichtige Plastikplatten mit isolierenden Luftkanälen

zwischen den Schichten. Der Quadratmeterpreis ist höher als der von Glas, aber sie isolieren besser. Die Plastikplatten können unterschiedlich dick und die Zwischenräume zwischen den Kanälen unterschiedlich breit sein. Breite und Dicke beeinflussen das Isolationsvermögen. Es gibt sogar dreischichtige Platten mit besonders guten Isoliereigenschaften. Beim Kauf des Gewächshauses wird angegeben, welche Art von Plastikplatten vorgesehen ist. Es passen nicht alle Stärken in alle Rahmen. Man muss also eine Art wählen, die für das Gerüst geeignet ist.

Die Plastikscheiben sind aus Polycarbonat und nicht ganz transparent. Alles sieht durch sie hindurch etwas verschwommen aus. Die Breite der Kanäle hat sehr viel Einfluss auf das Aussehen. Je breiter sie sind, desto durchsichtiger. Die Lichtdurchlässigkeit ist schlechter als bei Glas, und die Platten altern mit den Jahren. Eine Fläche ist meist mit einer UV-beständigen Acrylschicht beschichtet, aber die Platten altern trotzdem und werden langsam immer undurchsichtiger. In der Summe ist Polycarbonat ein sehr gutes Material und zu empfehlen, wenn man das ganze Jahr über anbauen will.

Ein weiterer Vorteil von Polycarbonatplatten ist ihr geringeres Gewicht. Man braucht kein so kräftiges Gerüst. Wenn man selbst bauen will, sind Polycarbonatplatten wunderbar geeignet. Man kann die Scheiben an einem Holzrahmen befestigen, indem man Löcher hineinbohrt und sie mit Schrauben und Unterlegscheiben anmontiert. Die Kanäle müssen in den Scheiben senkrecht verlaufen, die Ränder der Scheiben müssen bedeckt sein, sodass kein Wasser und Schmutz in die Kanäle läuft. Dafür bekommt man bei den gleichen Firmen, die die Platten verkaufen, passende Leisten.

Dank des geringen Gewichts und des Isolationsvermögens der Scheiben werden sie oft für Dächer verwendet. Sie halten mehr Schneedruck stand als Glas. Die Neigung des Daches muss also nicht so steil sein. Da die Scheiben besser isolieren, bleibt Schnee dann länger auf dem flachen Dach liegen. Wenn er nass und schwer wird, kann das Gerüst im Extremfall doch eingedrückt werden. Daher sollte man das Gewächshausdach immer regelmäßig von Schnee befreien, nicht zuletzt, damit mehr Licht einfallen kann.

Tunnelgewächshaus mit einem Gerüst aus Stahl-rohren, das im Winter mit UV-beständiger armier-ter Baufolie bespannt wird

WAHL DES MATERIALS

- Genau wie bei der Wahl von Gewächshaustyp und -größe hängt alles davon ab, wie man das Gewächshaus verwenden will.
- Für den ganzjährigen Anbau ist Polycarbonat zu empfehlen.
- Weiter nördlich kann Polycarbonat einen Monat mehr Anbauzeit in Frühling und Herbst bringen.
- Für Wintergarten und Kaffeeplatz ist Polycarbonat nicht so schön wie Glas.
- In Deutschland ist Glas für einen Großteil des Jahres ausreichend.
- Überlegen Sie sich eine Kombination aus Polycarbonat für die Wände und das Dach sowie Glas an der Seite mit der schönsten Aussicht.

Plastikfolie

Einfache und billige Gewächshäuser können aus Plastikfolie gebaut werden, die über ein Gerüst gespannt wird, ähnlich wie bei einem Zelt. Oft ist es ein Gerüst aus Stahlrohren, die im Boden verankert werden. Darüber spannt man eine armierte UV-beständige Baufolie.

Dies ist eine gute Versuchslösung, die Platz für einen vorübergehenden Anbau schafft. Das Gerüst ist haltbar und kann viele Jahre lang verwendet werden. Die Folie vergilbt dagegen, wird brüchig und reißt nach 5–10 Jahren. Die Lichtdurchlässigkeit wird mit jedem Jahr schlechter, weil das Plastik vergilbt; auch wenn sie noch intakt ist, wird es im Gewächshaus immer dunkler.

Es gibt auch einfachere Varianten, bei denen die Folie wie ein Zelt über ein Gerüst aus Plastikrohren gehängt wird. In Gewächshäusern, bei denen die Lichtdurchlässigkeit und Wärmezufuhr nicht so wichtig sind, funktioniert Plastikfolie gut. Sie eignet sich beispielsweise für den Anbau von Salat, Dill und Stiefmütterchen, die nicht viel Wärme brauchen.

Bei Hobbygewächshäusern ist Polycarbonat auf dem Dach und Glas an den Wänden ein guter Kompromiss. Die Wärme steigt zwar nach oben und ein Großteil entweicht durchs Dach, aber das kann man mit Isoliergewebe verhindern. Wände aus Glas können im Winter mit loser Blasenfolie isoliert werden. Dann sieht man zwar nach draußen nichts mehr, aber die Folie kann im Frühling ja wieder abgenommen werden.

GRÖSSE

Die Größe und Form des Gewächshauses hängen davon ab, wie es verwendet werden soll. Im Allgemeinen sagt man immer „Kaufe ein größeres, als du zu brauchen glaubst, es wird schnell zu klein". Das kann man aber diskutieren, ein großes Gewächshaus ist teurer zu beheizen, und es dauert auch länger, bis es im Frühling warm wird. Es nimmt im Garten mehr Platz ein und braucht wahrscheinlich mehr Punktfundamente, was problematisch ist, wenn man ein steiniges Grundstück hat.

Ein großes Gewächshaus ist natürlich teurer – vielleicht reicht ein kleineres, und man steckt das Geld stattdessen in eine spezielle Farbe oder Form. Mehr Lüftungsfenster und automatische Bewässerung sind auch eine gute Investition. Mit 10–15 m² Grundfläche kommt man schon weit, wenn man nur anbauen will, und man muss sich nicht um eine Baugenehmigung kümmern. Mein eigenes Gewächshaus hat 18 m², und

Rechts: Das Gewächshaus schmiegt sich ins üppige Grün, noch sieht man es kaum. Im Winter fallen Deckmaterial und Farbe aber deutlich auf. Was, wenn es blau oder rot wäre?

GLAS
Gute Lichtdurchlässigkeit
Gute Belüftung
Schlechte Isolierung
Nicht bruchsicher
Billig

HARTPLASTIK
Gute Isolierung
Bruchsicher
Leicht zu montieren
Schlechtere Lichtdurchlässigkeit
Schlechtere Belüftung
Teurer

PLASTIKFOLIE
Einfach
Beweglich
Schlechte Isolierung
Wetterempfindlich
Altert schneller
Billig

ich baue Pflanzen zum Verkauf an. Jedes Jahr gebe ich Unmengen von Gurken und Tomaten weg und fülle trotzdem meine Tiefkühltruhe.

Was mehr Raum braucht, sind Sitzplätze und Arbeitstische. Wenn man einen Sitzplatz möchte, muss man den Platzbedarf ausmessen und die gewünschte Einrichtung aufstellen, bevor man das Gewächshaus auswählt. Man kann es mit einem Wohnraum vergleichen, um ein Gefühl für die Größe zu bekommen.

Viel wichtiger als die Grundfläche ist die Höhe des Gewächshauses. Wenn das Gewächshaus klein ist, nur 5 m², kann man wunderbar darin anbauen, wenn es nur ausreichend hoch ist. Kleine Gewächshäuser haben leider meist niedrige Wände. Das bedeutet, dass man nur in der Mitte aufrecht stehen kann. Das ist sehr unbequem und vor allem warm. Wenn man das Gewächshaus mit einem höheren Sockel aufstocken kann, sodass die Stehhöhe zunimmt, funktioniert das sehr gut.

Nicht die Grundfläche ist also entscheidend für den Anbau, sondern das Luftvolumen insgesamt. Ein längliches, 1,5 m breites Gewächshaus an einer Hauswand ist perfekt für den Anbau geeignet, auch wenn es „nur" 3 m lang ist, vorausgesetzt, es ist hoch genug. Möchte man dagegen auch einen Sitzplatz, braucht man ein breiteres Haus.

Die **Traufhöhe** ist die Höhe der Längsseite vom Boden bis zum Beginn des Daches. Normalerweise sind die kleinsten Gewächshäuser nur 135–155 cm hoch, und das ist sehr unpraktisch. Wählen Sie nach Möglichkeit ein Gewächshaus, bei dem die Traufhöhe in Stehhöhe hat, mindestens 180 cm.

Wenn man aus optischen Gründen kein hohes Gewächshaus möchte, kann man es in den Boden absenken und so im Inneren an Höhe gewinnen. Das ist auch sehr klimafreundlich, man spart Heizkosten und verwendet den Boden als Wärmespeicher.

Die Wärme kann in einem kleinen Gewächshaus zum Problem werden. Ein Haus aus Glas wird bei Sonnenschein viel schneller warm als ein Wohnhaus. Zu viel Wärme ist nicht gut für die Pflanzen. Erreicht die Temperatur an die 30 °C, geht es vielen Pflanzen schlecht. Wenn man ein kleines, niedriges Gewächshaus hat, erwärmt sich die Luft sehr schnell. Je mehr Luftvolumen ein Haus hat, desto länger dauert es. Um Überhitzung zu vermeiden sollte das Gewächshaus einerseits eine hohe Traufhöhe haben und andererseits eine gute Belüftung.

TÜREN

Die Tür ist ein wichtiger Teil des Gewächshauses. Bei kleinen Gewächshäusern ist die Seitenhöhe oft so gering, dass man die Tür nur unter den Giebel setzen kann. Das kann eine Schiebetür oder eine Anschlagtür sein, also eine normale Drehtür mit Scharnieren. Die Anschlagtür kann in zwei Hälften geteilt sein wie eine Stalltür. Bei kleinen Häusern ist die Tür oft nur 1,80 m hoch, am besten sollte sie aber 2 m hoch sein. In ein kleines Gewächshaus geht man zwar nicht mit einer Schubkarre, aber man sollte mit einer Kiste in den Händen durch die Tür gehen können.

Schiebetüren laufen in Rahmen, die am Gerüst des Gewächshauses sitzen. Der Rahmen kann unter dem Giebel herausstehen, wenn das Haus klein ist. Es besteht aber das Risiko, dass man sich an so einem Rahmen stößt. In den Schienen der Schiebetür sammeln sich Dreck und Erde, wenn man hinaus und hinein geht. Das kann die Tür schwergängig machen.

Eine Anschlagtür wird ganz normal geöffnet und geschlossen. Sie muss eingehakt werden, damit sie offen steht, und kann ein kräftiger Windfang sein. Anschlagtüren sind einfacher zu platzieren und schöner, aber vielleicht etwas weniger praktisch.

Da Haus und Tür in der Konstruktion zusammenhängen, begrenzt es die Möglichkeiten, ein Fundament oder einen Sockel für das Gewächshaus anzulegen. Der Sockel liegt unter der Tür und wird zu einer Schwelle, über die man steigen muss. Um eine Schubkarre hineinzuschieben, braucht man dann eine Rampe. Diese kann man als Zubehör kaufen, aber wenn die Rampe aufliegt, kann man die Tür nicht schließen. Kleine Details, die auf lange Sicht gesehen nervend und unpraktisch sind.

Man kann die Tür auch in die Längsseite setzen, wenn das Haus hoch genug ist und eine Regenrinne an der Längsseite hat. Dann kann man bequemer aus und ein gehen, und die Belüftung wird besser. Allerdings nimmt es vielleicht etwas mehr Anbaufläche weg.

Setzt man in beide Giebel oder Längsseiten je eine Tür ein, kann man effizient lüften und kommt leicht durch das Gewächshaus. Wenn man körperbehindert ist, kann das eine gute Art sein, mehr Spielraum und Möglichkeiten zu schaffen.

DACHFENSTER

Gelüftet wird durch Fenster im Dach (Luken), Jalousiefenster und die Tür. Meist sind 1–2 Lüftungsfenster inbegriffen, wenn man ein montagefertiges Gewächshaus kauft. Wenn man mehr haben will, gibt es sie normalerweise als Zubehör gegen Aufpreis.

Man sollte mehr Lüftungsfenster nehmen als im Paket normalerweise enthalten sind. Bei Gewächshäusern für Profizüchter empfiehlt man, dass im Dach eine Entsprechung von 25 % der Grundfläche zu öffnen sein sollte. Das bedeutet, dass man in einem 10 m²-Ge-

Eine einfache Schiebetür ist üblich. Doppelte Schiebetüren machen es leichter, mit einer Schubkarre hinein zu kommen.

Eine normale Anschlagtür wird offen stehend festgehakt, damit sie nicht zuschlägt.

wächshaus 2,5 m² Dachfläche öffnen können sollte. Wenn die Fenster 75 cm breit und genauso lang sind, hat jedes Fenster knapp 0,6 m². Gewächshäuser mit 10 m² brauchen mindestens 4 solche Lüftungsfenster.

Es ist sehr beschwerlich, im Dach Lüftungsfenster einzusetzen, nachdem das Gewächshaus montiert wurde. Kaufen Sie also unbedingt schon vor dem Aufbau weitere dazu. Setzen Sie so viele Lüftungsfenster ein wie die Konstruktion zulässt. Platzieren Sie die Fenster für den maximalen Effekt so, dass sich jedes zweite in die Gegenrichtung öffnen lässt. Wenn das Haus sehr windig steht, setzt man die Fenster so, dass alle im Windschatten geöffnet werden.

Gewächshäuser mit ganzen Glasseiten sind schwer durch die Wand zu belüften. Kleinere Gewächshäuser mit kleineren Glasscheiben sind an den Seiten einfacher zu belüften. Man ersetzt eine Glasscheibe durch ein Jalousie- oder Lüftungsfenster. Jalousiefenster haben kleine Glaslamellen, die man anwinkeln kann. Sie sind schwer ganz dicht zu bekommen, wenn man im Winter abschließen will, aber man kann sie mit Blasenfolie ab-

kleben. Der Vorteil ist, dass man Durchzug im Gewächshaus schaffen kann, wenn man ein Fenster in die Giebelwand gegenüber der Tür setzt. Auch das muss bereits bei der Montage des Gewächshauses getan werden.

Lukenheber

Lüftungsfenster werden per Hand geöffnet, indem man einen Haken nach oben drückt und ein Stäbchen feststeckt. Eine aufwendigere Konstruktion sind Fenster, die Zahnräder und Kette haben, ähnlich wie bei einem Fahrrad. Diese kurbelt man auf und zu. Die Fenster werden bei Sonnenschein geöffnet und geschlossen, wenn es wolkig und kalt wird, normalerweise morgens und abends. Das erfordert, dass man das Gewächshaus morgens und abends betritt.

Deshalb sind **automatische Lukenheber** das wichtigste Zubehör für die Belüftung des Gewächshauses. Es müssen nicht alle Fenster Lukenheber haben, aber zumindest eines pro Seite in einem kleineren Gewächshaus und zwei in jeder Richtung in einem 15 m² großen Haus.

Die Lukenheber werden temperaturgesteuert, wenn die Temperatur im Gewächshaus zu sehr ansteigt, werden die Luken aufgedrückt. Oft enthalten die Lukenheber Wachs, das bei höheren Temperaturen zu schmelzen beginnt. Sie können nicht sonderlich genau eingestellt werden, vielleicht mit einer Genauigkeit auf 5 °C, aber man kann sie normalerweise so einstellen, dass sie bei etwa 20 °C öffnen. Sie verhindern in jedem Fall, dass es im Gewächshaus 50 °C warm wird, was an einem sonnigen Apriltag schnell passiert ist.

Die Lukenheber werden in jedes Fenster montiert. Der Wachskolben, der das Öffnen steuert, ist aus dem Öffnungsmechanismus entnehmbar. Er wird jeden Frühling eingesetzt, aber im Winter herausgenommen und im Haus verwahrt. Im Frühling und Herbst lässt man die Luken bei der eingestellten Temperatur öffnen und schließen. Weitere Fenster öffnet man tagsüber bei Bedarf selbst, wenn man zuhause ist. Im Frühling kann man die Lukenheber so einstellen, dass sie bei einer niedrigen Temperatur öffnen. Dadurch erreicht man, dass der Unterschied zwischen Tages- und Nachttemperatur nicht so groß ist. Wenn die Nächte mit nur wenigen Plusgraden kalt sind, sollte es tagsüber auch nicht zu warm werden. Entweder lüftet man dann am Tag mehr oder man heizt nachts etwas.

An sonnigen Tagen kann die Temperatur schnell steigen. Schattengardinen (siehe Seite 164) und Lüftungsfenster senken die Temperatur. Automatische Lukenheber an einigen Fenstern sind eine gute Sicherung.

In dem Maße, wie es sowohl nachts als auch tagsüber wärmer wird, lässt man die Luken länger offen stehen. Je wärmer es wird, desto mehr öffnet man sie. Im Hochsommer kann man die Fenster, die keinen Lukenheber haben, rund um die Uhr offen stehen lassen. Die Tür sollte im Hochsommer an heißen Tagen und auch in warmen Nächten ebenfalls offen stehen.

WORAN MAN DENKEN MUSS

Gerüst	First
Größe	Stehhöhe/Seitenhöhe
Farbe	Lüftungsfenster
Deckmaterial	Dachrinnen
Abstand zwischen	Fundament/Sockel
den Sprossen	Tür
Dachneigung	

FUNDAMENT

Viele zögern, ein Gewächshaus zu bauen, weil sie die Arbeit mit dem Fundament scheuen. Man braucht es nicht so kompliziert zu machen. Kleine Gewächshäuser brauchen kein aufwendiges Fundament. Ein gefliester Boden erfordert jedoch mehr Arbeit.

Wie viel Arbeit das Fundament macht, hängt davon ab, wie das Gewächshaus verwendet werden soll und ob es das ganze Jahr über beheizt werden soll. Die Größe hat weniger Bedeutung. Für ein montagefertiges Gewächshaus kauft man normalerweise einen Sockel. Dieser muss in dem Fundament, für das man sich entscheidet, verankert werden.

Wenn ein Gewächshaus bei Stürmen und Unwettern beschädigt wird, liegt das selten an einem schlechten Fundament. Normalerweise werden Glasfenster von herunterfallenden Ästen zerstört, und das Aluminiumgerüst verzieht sich. Häuser aus Polycarbonat werden vom Wind zerstört – die Plastikscheiben sind so leicht, dass sie im Wind davonsegeln.

Die einfachste Variante

Ein richtig kleines Gewächshaus kann auf einen Rahmen aus kräftigen Holzbalken gestellt werden. Die Balken werden plan auf eine Schicht Kies gelegt. Man gräbt 10–20 cm tief in die Bodenerde, füllt die Grube mit Kies auf, der verdichtet wird, und legt die Balken darauf. Kies bricht die Kapillarkraft, das Grundwasser kann nicht im Loch nach oben steigen und Regenwasser läuft gut ab. Überschwemmungen können bei heftigen Regenfällen zum Problem werden; das Klima ändert sich, Extreme nehmen zu.

Dieses einfache Modell funktioniert seit mehr als 20 Jahren bei vielen Gewächshäusern mit 10 m² Grundfläche auf festem Lehmboden. Die Gewächshäuser in den 1980er-Jahren waren nicht so gut wie die mon-tagefertigen mit Sockel, die wir heute haben, und sie haben sich trotzdem gut gehalten.

Wenn man sorgfältiger sein will, gräbt man tiefer und füllt mit mehr Kies auf. Je rauer das Klima im Winter werden kann, desto tiefer muss man graben. Wenn die Erde einfriert, kann der Bodenfrost sonst das Gewächshaus schräg verschieben.

Ein Gewächshaus aus Glas ist schwer und steht ziemlich stabil. Wenn das Fundament zu schlecht ist, kann es passieren, dass das Gerüst sich verzieht und Glasscheiben springen. Ein Haus aus Doppelstegplatten wiegt bedeutend weniger. Es muss nur gut verankert sein, um nicht von Sturmböen weggeblasen zu werden.

Gewächshäuser mit Punktfundament

Diese Art von Fundament eignet sich sehr gut für Gewächshäuser, die nicht das ganze Jahr über beheizt werden sollen, genauso für Wandgewächshäuser.

Für ein Punktfundament muss man bis in frostfreie Tiefe graben, was je nach Gegend variiert. Man schüttet ganz unten eine Schicht Kies ein und gießt für die

Das Fundament für ein kleineres Gewächshaus, das nicht das ganze Jahr über beheizt ist, kann man mit etwas handwerklichem Geschick selber anlegen.

Oben: Punktfundamente und Balken mit Sockel, der mit dem Gewächshaus gekauft wird. Mitte: Anschließend wird das Gerüst errichtet. Unten: Wenn man Steinfliesen im Gewächshaus haben möchte, gräbt man den Boden aus und legt sie, bevor man das Gerüst aufstellt.

Pfosten Zement in Papprohre. Im Punktfundament wird ein Betonanker/Pfostenträger befestigt. Man kann auch fertige Punktfundamente kaufen, die auf die Kiesschicht gestellt werden. An diesen Punktfundamenten wird der Sockel oder werden die Balken, auf denen der Sockel liegen soll, befestigt.

Für ein kleines Gewächshaus ist eine Fundamentsäule in jeder Ecke ausreichend. Ein größeres Gewächshaus

mit Längsseiten, die länger als 3 Meter sind, braucht auch ein Punktfundament in der Mitte jeder Längsseite. Wenn man noch größer baut, kann man auch ein Punktfundament in die Mitte des Giebels setzen oder eines auf jeder Seite der Tür. Normalerweise sind bei montagefertigen Gewächshäusern gute Bauanleitungen dabei.

Fundamente für größere Gewächshäuser

Für ein größeres Gewächshaus mit durchgehendem Fundament ist mehr Arbeit erforderlich. Das ist eher mit dem Bau eines Schuppens mit Fundament vergleichbar. Man gräbt dafür eine Grube bis in frostfreie Tiefe. Bauunternehmen in Ihrer Nähe können Auskunft darüber geben, welche Tiefe hierfür geeignet ist. In den Grund der Grube schüttet man eine Schicht Schotter, darauf gießt man eine Betonplatte. Auf die Platte mauert man ein Fundament für das Gewächshaus, das bis zum Bodenniveau reicht. Das Fundament kann aus Blähton-Steinen, Leichtbetonblöcken oder Bodenziegeln gemauert werden.

Wenn das Gewächshaus im Winter frostfrei sein soll, verkleidet man die Außenseite des Fundaments mit Bodenisolierplatten. Es gibt auch isolierende Betonblöcke, mit denen man mauern kann. Dann wird das Bodenprofil oder der Sockel des Aufbaus am Fundament befestigt.

BODENBELAG IM GEWÄCHSHAUS

Normalerweise hat man, außer bei Gängen und Sitzflächen, im Gewächshaus den natürlichen Erdboden. Wenn man die ganze Fläche mit Fliesen belegen und im Winter beheizen will, macht man das gleichzeitig mit dem Fundament. Es ist kein großer Unterschied, ob man Steinfliesen auf den Boden eines Gewächshauses oder für einen Außenplatz oder einen Weg legt.

Graben Sie den Boden im Gewächshaus bis in frostfreie Tiefe aus. Man muss die Dicke aller geplanten Schichten zusammenrechnen, damit man auf dem richtigen Niveau landet, wenn man fertig ist.

Füllen Sie ihn bis etwa 25 cm unter dem geplanten Bodenniveau mit drainierendem Kies. Der grobe Kies ist dafür da, die Kapillarkraft zu brechen, das heißt das Wasser im Boden daran zu hindern, zur Oberfläche aufzusteigen.

Ein gefliester Boden ist gut, wenn man viele Töpfe, Tische und Regale hat.

Schütten Sie eine 5–7 cm dicke Trägerschicht aus Kies (für Platten, Bodenziegel, Betonsteine) über den Drainagekies. Darauf gibt man dann 3–5 cm Verlegesand und schließlich Steinfliesen, Bodenziegel oder Betonsteine.

Die **Steine** können unterschiedlich dick sein. Die dicksten sind dafür gemacht, dem Druck eines Autos standzuhalten, man kann hier auch gut dünne Platten verwenden. Wenn man besser isolieren will, kann man eine Schicht Bodenisolierung zwischen den Drainagekies und die Trägerschicht legen. Man kann sogar eine Fußbodenheizung einbauen wie in einem Badezimmer. Die Heizmatten werden mit Verlegesand bedeckt, und darauf legt man Steinfliesen.

Eine andere Variante ist, eine ganze **Bodenplatte** zu gießen, genau wie für ein Haus ohne Keller. Dann muss man aber auch über die Entwässerung nachdenken.

Normalerweise sickert das überschüssige Wasser in die Erde und in die Steinfugen; wenn man einen durchgehenden Betonboden gießt, kann das Wasser nirgends ablaufen. Profigärtner gießen oft Wege aus Zement und lassen die restliche Erdoberfläche nackt. Dann ist es einfach, die Wege abzuspritzen, sodass sie sauber werden. Dreck und Wasser können seitlich in die offene Erde ablaufen. Eine geschickte Lösung, die man nachmachen kann.

Kies als Bodenbelag ist keine gute Alternative, er ist schwer sauber zu halten und Wurzeln wachsen durch die Löcher im Boden der Töpfe in den Kies hinunter. Die Töpfe müssen auf Untersetzer gestellt werden, wenn sie im Kies oder Sand stehen.

Holz als Bodenbelag, zum Beispiel Holzfliesen, kommt auch vor. Der Nachteil an Holz ist, dass es leicht rutschig wird, wenn es nass ist, was im Gewächshaus oft der Fall ist. Plastikfliesen können auch rutschig werden und sollten im Winter mit ins Haus genommen werden.

Rindenmulch oder Späne sind ungeeignet, auch Kokosfaser. Das sind Materialien, die mit der Zeit verrotten. Schädlinge können sich einnisten, und sie sind zu schwer sauber zu halten.

Sand kann funktionieren, solange man ihn von Unkraut und Erde frei hält und regelmäßig neuen unkrautfreien Sand nachfüllt. Es gilt jedoch dasselbe wie bei Kies: Pflanzen, die im Topf stehen, sollten einen Unterteller unter sich haben, sodass die Wurzeln nicht in den Untergrund einwachsen können. Dann lassen sie sich nur schwer umstellen, außerdem schadet man den Pflanzen, wenn man ihre Wurzeln abreißt.

Man kann auch **Bodenvlies** als Belag für das Gewächshaus nehmen. Dann bedeckt man den Boden und hindert Unkraut am Sprießen, aber überschüssiges Wasser kann in den Boden sickern. Das ist eine einfache Art, eine saubere, pflegeleichte Oberfläche zu schaffen, wenn man zum Beispiel Pflanzen überwintern will.

Beheizte Erde

Wenn man im Winter in der Bodenerde anbauen will, muss man die Erde beheizen. Man kann ziemlich einfach feste Bodenbeete bauen. Bauen Sie wie vorher beschrieben ein isoliertes Fundament für das Gewächshaus. Innen im Gewächshaus bewahrt man die vorhandene Bodenerde auf. Sie wird dort ausgegraben, wo man später anpflanzen will. Heizschlingen werden in eine Schicht Sand gelegt. Man sollte einen Schichtentrenner, das heißt ein Bodenvlies oder dickes Fasergewebe zwischen den Sand und die Erde legen, damit man weiß, wo die Heizung ist, wenn man gräbt und die Erde wechselt. Dann füllt man wieder mit Pflanzerde auf.

Eine andere Alternative ist, ein **hohes Fundament** zu mauern und die Glasscheiben erst 60–75 cm über dem Boden beginnen zu lassen. Dann kann man innerhalb des Fundaments erhöhte Anbaubeete bauen. Ein Gang in der Mitte auf Bodenniveau schafft eine bequemere Arbeitshöhe.

Das ist eine gute Art, mehr Luftvolumen zu bekommen und macht das Gewächshaus sauber und stabil. Dadurch, dass das Glas nicht bis zum Boden geht, ist es im Gewächshaus etwas dunkler, aber gleichzeitig besteht weniger Risiko, dass eine Scheibe durch Steine und Schläge kaputt geht. Eine Mauer speichert die Wärme auch nachts, die Temperatur im Gewächshaus wird gleichmäßiger und sie sinkt abends nicht so schnell ab. Morgens steigt sie wiederum nicht so schnell, weil die Mauer dann kühl ist.

Man kann im Gewächshaus aus Aufsatzrahmen einfach Anbaubeete bauen. Sie können aufeinander gestapelt und ohne großen Aufwand umgestellt werden, wenn man die Erde wechselt oder seine Pläne ändert. Im Sommer kann man in den mit Erde gefüllten Aufsatzrahmenbeeten anpflanzen.

Im Winter nimmt man sie heraus und stellt Pflanzen auf Bodenvlies zum Überwintern hinein. Es gibt größere und kleinere Wärmematten, die man auch nach Bedarf mit den Aufsatzrahmen umstellen kann, und auf denen man überwinternde, in Gartenvlies eingepackte Pflanzen sammeln kann.

ABGESENKTES GEWÄCHSHAUS

Der Boden wird im Winter nicht so kalt wie die Luft. Eine etwas ältere Variante ist deshalb, das Gewächshaus ein bisschen einzugraben. Man gräbt die ganze Fläche des späteren Gewächshauses bis in frostfreie Tiefe aus, schüttet eine Grundschicht aus Schotter und gießt eine Betonplatte oder legt eine andere Bodendeckung wie Kies oder Steinplatten. Dann gießt man eine Sohle für die Mauerwand und mauert Wände bis zum Bodenniveau. Isolieren Sie die Außenseite der Mauern mit Dämmplatten oder mauern Sie mit isolierenden Betonsteinen. Legen Sie eine Türöffnung an, die ganz unten am Boden der Mauer beginnt, und eine hinunter führende Treppe. Setzen Sie das Gewächshaus so auf die Mauer, dass das Glas auf Bodenniveau beginnt, aber behalten Sie im Gewächshaus die Tiefe. Bauen Sie Ihre Pflanzen am Boden des Gewächshauses an, indem Sie noch tiefer graben und die Erde 50–80 cm tief gegen gute Pflanzerde auswechseln.

Einfacher und besser ist es, Anbaubeete an die Mauern zu bauen. Die Beete sollten mindestens 30–40 cm tief sein, aber man kann ein wenig schummeln. Je flacher die Beete sind, desto sorgfältiger muss man mit Wasser und Nährstoffen sein. Wenn man in Töpfen anbaut, werden sie an den Längsseiten entlang auf den Boden gestellt.

Ein abgesenktes Gewächshaus spart Wärme und eignet sich gut zum Überwintern.

Ein solches Gewächshaus wird im Winter wärmer, weil die Erde als Schutz und Wärmespeicher fungiert. Das ist gut zum Überwintern von Pflanzen, wird aber kein so schöner Kaffeeplatz wie ein normales Gewächshaus. Verwendet man zusätzlich eine Wärmematte, auf die man die Töpfe stellt, und stellt sie in ein Zelt aus Blasenfolie, halten sie viele Minusgrade aus. Das ist eine fantastische Lösung für die Überwinterung von kleinen Bäumchen wie Olive, Feige und Lorbeer. Man kann hier auch Gemüse und Obst lagern.

Diese Art von Gewächshaus wird heute kaum noch angeboten. Man kann es aber gut selbst bauen. Das Gewächshaus wirkt im Garten nicht so dominant und strahlt einen altmodischen Charme aus. Darüber hinaus ist es ökonomisch zu beheizen. Wenn man den Glasteil im Winter isoliert, hält sich die Wärme noch besser. Man kann auch die nördliche Mauerseite zu einer ganzen Mauerwand machen, die als Wärmespeicher funktioniert. An sonnigen Frühlings- und Herbsttagen speichert die Mauer massenhaft Wärme, die während der Nacht abgegeben wird. Das ist wie eine Art abgesenktes Wandgewächshaus. Dieses Modell ist in klimatisch besonders rauen Gebieten geeignet und empfehlenswert.

BEHEIZUNG UND BEWÄSSERUNG

Deutschland erstreckt sich von Nord nach Süd über rund 1 000 km. Unser Klima verändert sich von Norden nach Süden sehr stark, und es scheint sich auch mit der Zeit zu wandeln. Das Gewächshaus kann die Unterschiede etwas verringern, aber nicht auslöschen.

Wenn man ein Gewächshaus plant, sollte man beachten, dass in den südlichen Landesteilen andere Anforderungen an ein Gewächshaus bestehen als in den nördlichen. Wenn man sich beraten lässt, dann am besten von jemandem vor Ort.

Profigärtner haben ganz andere Anforderungen als Hobbyzüchter, also ist es nicht sinnvoll, sich mit ihnen zu vergleichen. Sie müssen Temperatur, Wasser, Licht und Belüftung äußerst präzise steuern können. Je nach Saison bauen sie normalerweise immer nur eine Art von Pflanzen an. Wer in seiner Freizeit anbaut, hat eine bunte Mischung von Pflanzen mit unterschiedlichen Anforderungen, deshalb kann er nicht auf das Grad genau die richtige Temperatur für jede haben. Berufszüchter bauen Gewächshäuser je nachdem, was sie anpflanzen wollen. Wir kaufen Bausätze nach der Größe der Grundfläche und dem Aussehen. Profis steuern Temperatur und Bewässerung per Computer, wir hoffen auf einen warmen Frühling.

Außer dem Klima am Standort des Gewächshauses ist es wichtig, wie man es verwenden will. Das Klima beschränkt die Möglichkeiten. Ein normales Glasgewächshaus ohne Beheizung kann in Deutschland fast das ganze Jahr über verwendet werden, in sehr rauen Landesteilen jedoch nur ein paar Monate.

Es ist auch wichtig, die Begriffe Anbau und Überwinterung zu unterscheiden. Wenn man im Winter etwas anbauen möchte, muss der Boden erwärmt werden; vergrabene Heizschleifen, Heizkabel, Wärmematten oder Warmwasserleitungen sind erforderlich. Wenn man nur Pflanzen überwintern will, reicht eine oberirdische Beheizung.

In Deutschland ist ein Gewächshaus im Privatgarten eine einfache und gute Art, den Winter zu verkürzen. Durch das normalerweise gemäßigte Klima kann ein Gewächshaus hier ohne größeren Einsatz gut als Überwinterungsort für empfindliche Pflanzen fungieren. Mithilfe von Frostwächter und Blasenfolie kann man das Gewächshaus auch ohne große Kosten frostfrei halten. Das Überwintern von Fuchsien, Geranien, Zwiebel- und Knollenpflanzen samt Engelstrompete, Heliotrop und Enzianstrauch ist absolut möglich. Die Vorkultur von Sommerblumen und Gemüse sowie die Vermehrung von Topfpflanzen und anderen Pflanzen gelingen einfach. Man muss tagsüber eher lüften, um die Temperatur zu senken, sodass die Pflanzen sich nicht zu schnell entwickeln, und sie im Winter gegen eventuelle Minusgrade schützen. Manchmal kommt auch in Deutschland eine richtig kalte Periode, häufig Ende Januar. Dann muss man einen Heizlüfter haben, der diese Zeit überbrückt, aber die kurze Periode lohnt in den meisten Fällen nicht die Kosten für ein permanentes Beheizungssystem.

Auch in klimatisch rauen Lagen kann man mit einem Gewächshaus noch wunderbar die Saison verlängern. Der Frühling kommt dadurch früher und der Herbst bleibt länger, bevor der Winter Einzug hält. Im Vorfrühling und Spätherbst ist oft ein Heizlüfter nötig, um die Temperatur über 0 °C zu halten. Irgendeine Art von Vorhang, der gegen Kälte isoliert, ein kombiniertes Schattier- und Energiespargewebe, ist ein gutes Hilfsmittel.

Einfach verglaste Gewächshäuser eignen sich in erster Linie für den aktiven Anbau im Sommer.

Es ist jedoch teuer, ein Gewächshaus das ganze Jahr über frostfrei zu halten. Eine vollständige Isolierung mit Blasenfolie, die am Gerüst befestigt wird, ist hilfreich. Es kann auch notwendig werden, spezielle Kleingewächshäuser aus Polycarbonat zu bauen, die man ins Gewächshaus stellt. Für alle Sammler anspruchsvollerer Pflanzen ist das eine gute Lösung.

Wenn man ein isoliertes Fundament baut und Polycarbonatplatten als Deckmaterial hat, kann man die Saison erheblich verlängern. Es ist vielleicht nicht sinnvoll zu heizen, um im Winter aktiv anzubauen, aber Verwahrung, Überwinterung und Vorkulturen im Vorfrühling funktionieren so schon wunderbar.

Anbauen oder überwintern

Man braucht nicht nur Wärme, um den Winter über anbauen zu können, man braucht auch Beleuchtung.

Es ist ein großer Unterschied, ob man Pflanzen überwintert oder im Winter im Gewächshaus anbaut. Für den Anbau muss die Erde warm sein, und die Pflanzen müssen genug Licht bekommen, damit die Photosynthese funktioniert. Ohne einen „Überschuss" an Licht stehen die Pflanzen nur da und warten, ruhen, überleben. Anbau dagegen bedeutet Wachsen, Ausbildung neuer Blätter, Blüten und Triebe.

Die meisten Pflanzen brauchen mehr Licht um zu wachsen, als wir im Winter normalerweise haben. Wir haben kürzere Tage als im Mittelmeerraum, wo viele unserer beliebtesten Kulturpflanzen herkommen. Damit populäre Pflanzen wir Zitrone, Olive und Kamelie sich richtig wohlfühlen, wollen sie außer Wärme viel Licht. Sie überleben bei 8–10 °C ohne Lichtzufuhr, aber sie wachsen erst, wenn sie Beleuchtung bekommen. Was man an Wärme und Beleuchtung bieten kann, entscheidet, wie die Pflanzen den Winter überstehen. Wie viel man investieren muss, hängt davon ab, wo man wohnt. Dieselbe Lösung ergibt in unterschiedlichen Teilen des Landes völlig unterschiedliche Resultate.

Methoden, um ein Gewächshaus zu isolieren, um im Winter Heizkosten zu sparen: Pflanzschränke für Überwinterung und Anbau, Blasenfolie und isolierende Vorhänge sind einige davon. Man kann sie auch kombinieren.

WINTERISOLIERUNG

Eine interessante Lösung im Winter ist ein Gewächshaus im Gewächshaus. Es gibt fertige Minitreibhäuser, komplett mit Heizung und Beleuchtung, die die Möglichkeit bieten, ohne allzu hohe Kosten im Winter Anbau zu betreiben. Eine andere Alternative ist, isolierte Pflanzschränke für entweder Anbau oder Überwinterung zu bauen, je nachdem, wo man wohnt und um welche Pflanzen es geht. Einen Pflanzschrank kann man aus Stegplatten bauen, die an einem Holzgerüst befestigt werden. Platten mit Scharnieren fungieren als Türen, und das Volumen richtet sich nach den Pflanzen, die man dort haben möchte. Als einfache Variante kann man auch Stegplatten an einem Lagerregal aus Holz befestigen. Im Schrank kann man Beleuchtung unter die Regalbretter montieren und ganz unten einen Heizlüfter aufstellen.

Man kann auch einen Teil des Gewächshauses isolieren und heizen. Blasenfolie von der Rolle wird mit speziellen Beschlägen im Herbst am Profil befestigt und bleibt den ganzen Winter über dort. Sie wird von Gewächshausfirmen verkauft. Man braucht nicht so viel Energie, um einen begrenzten Teil des Gewächshaus zu heizen. Ist noch mehr Schutz nötig, baut man ein Innenzelt aus Plastikfolie, das man in den isolierten Teil des Gewächshauses stellt. Ein Innenzelt aus isolierendem Energiespargewebe ist eine gute Ergänzung zur Blasenfolie, weil es das Abstrahlen von Wärme in der Nacht verhindert. Probieren Sie aus, was bei Ihnen für die Pflanzen, die Sie haben, am besten funktioniert.

Isoliergardinen

Isoliergardinen werden verwendet, um die Wärmeverluste durch das Dach zu reduzieren. Sie werden sowohl in beheizten als auch in unbeheizten Gewächshäusern verwendet, sind aber in beheizten am üblichsten. Das Gewebe wird waagerecht quer unters Dach montiert, nicht bis hinauf in den Dachfirst, sondern an der Innenseite des Dachfußes, und hängt an den Seiten des Gewächshauses herunter. An Führungsschnüren kann man die Gardinen auf- und zuziehen. Leider hat das zur Folge, dass es problematisch werden kann, im Sommer die ganze Höhe des Gewächshauses zum Anbau von Tomaten und Gurken auszunutzen.

Gewächshaus, das mithilfe am Gerüst befestigter Plastikfolie unterteilt ist. Die Pflanzen stehen in einem Zelt, sodass man nicht das ganze Luftvolumen beheizen muss.

Bevor man Isoliergardinen kauft, sollte man überlegen, wie oft man sie verwenden wird. Sie kosten Geld, und wenn man sie hat, sollten sie zur Anwendung kommen, nicht nur dahängen. Die besten Isoliergardinen sind aus Plastikgewebe mit eingeflochtenen glänzenden Aluminiumstreifen wie in der Abbildung Seite 158 unten. Die glänzende Oberfläche reflektiert Licht einer künstlichen Beleuchtung und die Wärme des Gewächshauses nach innen. Die Wahl der Isoliergardinen ist eine Wissenschaft für sich, Profigärtner haben sehr sorgfältig ausgewählte Gardinen. Das Gewebe kauft man bei Gewächshausfirmen, sie geben auch Ratschläge, welches Gewebe für den jeweiligen Zweck am besten passt.

Die Verwendung von Isoliergardinen ist eine Methode, um Heizenergie zu sparen. Entscheidet man sich für den Kauf von speziellen Isoliergardinen, sollten sie im Frühling, Herbst und Winter fleißig verwendet werden. Sie sollten je nach Wetter zu- und aufgezogen werden.

Das macht etwas mehr Arbeit, aber kann zusätzlich Heizkosten sparen.

Es ist wichtig, wie die Isoliergardinen angebracht sind und wie man sie zuzieht, es dürfen keine Spalten dazwischen bleiben. Eine Lücke funktioniert fast wie ein Schornstein, es entsteht ein Zugloch, durch das die warme Luft aus dem Gewächshaus gesaugt wird, anstatt drinnen zu bleiben. In den dunkleren Winterzeiten sind die Gardinen rund um die Uhr vorgezogen. Wenn man in dieser Zeit etwas anbaut, muss man im Gewächshaus Beleuchtung für die Pflanzen haben, und die gibt ebenfalls eine Menge Wärme ab. Manche Isoliergardinen können im Sommer auch als Schattennetz fungieren (siehe Seite 164).

BEHEIZUNG VON ERDE UND LUFT

Auch wenn das Gewächshaus mit Blasenfolie oder Isoliergardinen isoliert ist, muss man es im Winter beheizen, wenn man Anbau betreiben will. Am meisten Wärme brauchen die Samen und Wurzeln in der Erde. Auf den Samentütchen steht, welche Temperaturen die Pflanzen zum Keimen brauchen. Wenn die Luft 20 °C hat, hilft das einem Bohnensamen beim Keimen nichts, wenn die Erde nicht die richtige Temperatur von etwa 15 °C hat. Wenn der Boden nur 5 °C hat, keimen die Samen nicht. Der Boden wird normalerweise von der Luft und der Sonne erwärmt, aber das reicht im Winter nicht aus. Deshalb kann man den Boden im Gewächshaus künstlich beheizen, sodass die Pflanzen die Erdtemperatur bekommen, die sie brauchen.

Not macht erfinderisch

Viele Gewächshausbesitzer kommen auf eigene clevere Lösungen bei der Beheizung. Man weiß selbst am besten, was man einsetzen kann. Wenn man gratis Warmwasser oder Holz bekommt, als Gardinenschneider, Klempner, Zimmerer oder in der Verpackungsindustrie arbeitet, hat man Möglichkeiten, die andere nicht haben, und schafft dementsprechende Lösungen.

Früher hatte man unter Gewächshäusern und Frühbeeten in der Erde vergrabene Ziegelrohre. Sie liefen wie ein Netzwerk durch das Gewächshaus und endeten in einem Kessel, der in einem Arbeitsraum am einen Giebel des Gewächshauses stand. Dort heizte man wenn nötig rund um die Uhr ein. Im Winter war es der Job der Gärtnergehilfen dafür zu sorgen, dass der Kessel beheizt war.

Schläuche mit zirkulierendem Warmwasser sind eine modernere Variante. Eine Heimwerkervariante ist, alles Abwasser, das heißt das Wasser aus Spüle, Waschbecken und Dusche durch Schläuche in der Gewächshauserde laufen zu lassen, bevor sie in den Abfluss fließen. Wenn man eine wasserbasierte Heizung hat, kann man davon eine Schleife durch die Gewächshauserde führen.

Für die Erwärmung der Erde und indirekt der Luft sind elektrische Heizschleifen/Wärmekabel eine geschickte, bequeme und übliche Lösung. Sie werden in eine Sandschicht unter die Beete gelegt, in denen die Pflanzen angebaut werden, und funktionieren wie eine Fußbodenheizung. Sie werden normalerweise mit Fehlerstromschutzschalter und eingebautem Temperaturregler verkauft und müssen von einem Elektriker installiert werden.

Genau wie eine Fußbodenheizung funktionieren spezielle Wärmematten, die man auf Pflanztische oder in Minitreibhäuser legen kann. Man muss nur den Stecker einstecken, dann wird die Matte beheizt. Die Pflanzen werden auf Sand gestellt, der die Matte bedeckt. Hat man eine solche Matte in einem Minitreibhaus, wird es in dem begrenzten Raum sowohl warm als auch feucht. Man kann die Matten auch auf Styroporscheiben auf den Boden legen und größere Töpfe darauf stellen.

Heizlüfter

Die Wärme aus der Erde wird auch an die umgebende Luft abgegeben und die Pflanzen fühlen sich wohl. Der Unterschied zwischen Erd- und Lufttemperatur darf nicht zu groß sein, es muss ein Gleichgewicht entstehen, aber die Erdtemperatur ist wichtiger als die Lufttemperatur. Je nachdem, wo das Gewächshaus steht, kann man es frostfrei halten und Pflanzen mit einem Heizlüfter überwintern. Weil die Pflanzen nicht wachsen müssen, reicht die Luftwärme des Heizlüfters aus, wenn sie auf einer Isolierplatte stehen, sodass die Erde im Topf nicht zu kalt wird. Pflanzen, die in der Bodenerde stehen und keine Minusgrade vertragen, überleben, aber nachdem der Heizlüfter die Erde nicht erwärmt, wachsen sie nicht.

Wichtig für die Pflanzen ist, dass die Erde warm ist, damit die Wurzeln wachsen können. Die Pflanzen stehen hier rund um die Uhr auf Wärmematten. Das gibt auch etwas Wärme an die Umgebung ab, aber das ganze Luftvolumen wird nicht spürbar erwärmt.

Es gibt fertige Lösungen für die Beheizung von Gewächshäusern mit Heizlüftern. Ein Heizlüfter, der auf dem Boden steht, lässt die Luft zirkulieren und wärmt das Gewächshaus auf. Heizlüfter, die an den Wänden hängen, verbreiten warme Luft durch einen perforierten, aufgeblasenen Plastikschlauch, der durch die ganze Länge des Gewächshauses läuft. Es ist vorteilhaft, wenn der Heizlüfter hoch oben im Gewächshaus sitzt, die Luftzirkulation ist dann besser. Der Lüfter kann je nach Typ auch als Frostwächter fungieren, gesteuert per Timer oder Temperaturfühler. Beachten Sie, dass alle Elektro- und Wärmeinstallationen den geltenden Sicherheitsvorschriften entsprechen müssen.

Viele neuere Systeme zur Hausbeheizung mit Wärmepumpen haben die Möglichkeiten erweitert, Gewächshäuser relativ günstig zu beheizen. Ein Beispiel ist die Luft-Luft-Wärmepumpe, sie lässt die Luft im Gewächshaus zirkulieren, man muss aber trotzdem eventuell einen Heizlüfter parat haben, falls die Temperatur zu stark absinkt. Wasserbasierte Systeme, die mit Erdwärme erwärmt werden, können vielleicht um ein paar Rohre erweitert werden, die durch das Gewächshaus laufen, auch das zu einem vertretbaren Preis, wenn man schon die große Investition geleistet hat.

Sonnenlicht ist die Basis für allen Anbau. Das Gewächshaus ist an sich wie eine Solarheizung, die Sonne strahlt hinein und wärmt das Luftvolumen auf, aber auch reguläre Fotovoltaikzellen können eventuell zur Verwendung kommen, wenn zum Beispiel das Gewächshauses an einen Schuppen mit Dach anschließt und wenn es Akkumulatoren gibt usw. Das Problem ist, dass wir im Winter zu wenig Sonne haben, sowohl was die Strahlungsintensität als auch was die Scheindauer betrifft.

Bei Neubauten von Wohnhäusern gibt es Ideen für „grüne" Lösungen, in die Gewächshäuser integriert werden können. Auf Ausstellungen und Messen sind klimafreundliche Schuppen mit Gewächshäusern zu sehen, in denen man das ganze Jahr über anbauen kann. In ein paar Jahren wird es sicherlich noch viel mehr „klimafreundliche" Gewächshäuser geben.

Eine traditionelle Lösung von früher ist ein Ofen, der mit Petroleum oder Gas betrieben wird. Der Vorteil ist, dass der Kohlendioxid abgibt, das die Pflanzen brauchen, aber da man überwiegend nachts heizt, wenn die Pflanzen keine Photosynthese betreiben, ist dieser Vorteil nicht sonderlich groß. Verbrennungsöfen müssen auch in kurzen Intervallen nachgefüllt werden. Sie können eventuell ergänzend zu einer Luft-Luft-Wärmepumpe verwendet werden.

Minitreibhäuser

Beim Vermehren von Pflanzen braucht man auch Wärme von unten, Saatkisten mit beheizten Matten sind meist dafür geeignet. Bei der Aussaat und beim Setzen von Stecklingen keimen und wurzeln die Pflanzen viel schneller, wenn man Wärme von unten hat. Dieselben Minitreibhäuser können zum Überwintern verwendet werden. Im Zuge des wachsenden Interesses am Anbau von eigenem Gemüse auch im Stadtumfeld ist das Angebot von technisch komplexen Minitreibhäusern

Oben: Unempfindliche Wärmematte für Gewächshäuser.
Unten: Einfache Wärmematte, mit Plastik geschützt.

Kräftiger Heizlüfter, der die Luft im Gewächshaus in kalten Perioden erwärmt und zum Zirkulieren bringt.

mit All-in-one-Lösungen gewachsen. Im Allgemeinen funktionieren diese gut, aber oft berücksichtigt man nicht, dass die Pflanzen mehr Licht brauchen, als sie im Winter bekommen. Man kann das eine nicht durch das andere ersetzen, Pflanzen brauchen immer Licht, Wärme, Wasser und Nährstoffe. Wenn es zu dunkel oder zu warm ist, hilft es nichts, dass man Wasser und Nährstoffe im Überfluss hat, im Winter brauchen Pflanzen künstliches Licht.

Temperaturen

Die Temperatur kann man in einem Hobbygewächshaus nicht besonders exakt steuern, aber man kann zumindest messen, was passiert. Wenn man eine Heizung hat, muss man sehen können, ob sie funktioniert. Absolut notwendig ist ein Minimum-Maximum-Thermometer. Es zeigt die höchste gemessene Temperatur, die niedrigste gemessene und die augenblickliche Temperatur. Im Frühling und Herbst sollte man es jeden Tag ablesen und das Thermometer auf Null stellen,

sodass man den Temperaturunterschieden folgen kann. Bei stabilen Wetterverhältnissen im Sommer braucht man es nicht so oft abzulesen und auf Null zu stellen, vermutlich ist die Temperatur dann rund um die Uhr in Ordnung.

Es ist ziemlich spannend zu sehen, wie warm bzw. wie kalt es werden kann. Die Schwankungen im Temperaturverlauf sind oft eine Erklärung dafür, was mit den Pflanzen passiert. Ein großer Unterschied zwischen Tages- und Nachttemperatur kann eine Ursache dafür sein, dass Tomaten Blütenendfäule bekommen, dass Gurken Früchte abwerfen oder dass es gar keine Früchte gibt. Wenn man so genau ist, dass man sich die Temperatur aufschreibt, kann man oft die Ursachen dafür finden, warum zum Beispiel Blätter vergilben, verwelken oder merkwürdig aussehen.

Wenn man keine Beheizung im Gewächshaus hat, muss man beim Ablesen der Temperatur besonders sorgfältig sein. Wenn nach einem sonnigen, warmen Tag im Vorfrühling ein klarer Abend kommt, besteht

Ein Muss in jedem Gewächshaus ist ein Minimum-Maximum-Thermometer.

Frostrisiko für die kommende Nacht. Dann muss man vorübergehend einen Heizlüfter verwenden oder die Pflanzen und das Gewächshaus mit Gartenvlies und Teppichen bedecken. Man kann die Pflanzen auch für eine oder mehrere Nächte ins Haus stellen. Wenn man sie abends zudeckt, ist es wichtig, sie morgens wieder aufzudecken, sonst können sie viel zu warm werden. Wenn man große Wassertonnen im Gewächshaus stehen hat, erwärmt sich das Wasser tagsüber und fungiert nachts als Wärmespeicher, eine gute Form, die Temperaturunterschiede auszugleichen. Außerdem kann man mit lauwarmem Wasser gießen, was alle Pflanzen lieber mögen.

Hohe Temperaturen sind beim Anbau nicht das Wichtigste, im Gegenteil, Pflanzen geht es bei 30–35 °C gar nicht gut. Eine wünschenswerte Temperatur ist meist 20–25 °C. Wenn man die Wahl zwischen 35 °C und 15 °C hat, ist die niedrigere Temperatur besser.

Lüften Sie das Gewächshaus, um die Temperatur zu senken, und sehen Sie zu, dass es nicht zu feucht wird,

besonders abends und nachts. Zu viel Feuchtigkeit begünstigt Pilzerkrankungen an den Pflanzen. Man sollte deshalb nicht am frühen Nachmittag alle Türen und Fenster schließen, um die Wärme für die Nacht zu „bewahren". Das schafft nur noch mehr Probleme.

Aus demselben Grund sollte man die Pflanzen am späten Nachmittag und Abend auch nicht gießen und duschen. Duschen und gießen Sie vormittags. Viel Feuchtigkeit und kalte Nächte mögen Pilzerkrankungen am liebsten. Deshalb gibt es im Herbst oft Grauschimmel an den Tomaten, wenn die Nächte kalt sind und die Luftfeuchtigkeit hoch ist.

An sonnigen Hochsommertagen kann es ratsam sein, im Gewächshaus zu gießen oder auf Boden, Wände und Pflanzen Wasser zu sprühen, um die Temperatur zu senken. Dank der Sonne trocknet es recht schnell ab, aber man sollte es trotzdem nur am Vormittag tun.

SCHATTIERUNG

Eine Möglichkeit, die Hitze im Gewächshaus zu verringern, ist, das Sonnenlicht mithilfe irgendeiner Art von Gardine auszuschließen, einem Schattennetz oder Isoliergardinen, die auch in der kalten Jahreszeit verwendet werden.

Ein **Schattennetz** ist normalerweise ein locker gewebtes dunkelgrünes Netz. Es ist ziemlich leicht und geschmeidig und erinnert an Sackleinen. Sackleinen kann auch zum Schattieren verwendet werden und ist aus Naturmaterial. Schattennetz ist synthetisch, das heißt es verrottet nicht, schimmelt nicht und trocknet schnell, wenn es feucht wird. Sackleinen ist hellbraun, etwas kratzig und trocknet auch recht schnell, hält aber nicht so lange.

Isoliergardinen sind aus lockerem Gewebe mit reflektierenden Streifen aus Aluminium. Ihr Vorteil ist, dass dieselbe Gardine verwendet werden kann, um im Winter die Wärme im Gewächshaus einzuschließen.

Die Gardinen können mit Wäscheklammern an Leinen befestigt, mit speziellen Beschlägen festgeklemmt oder irgendwie am Gerüst des Gewächshaus aufgehängt werden. Das Material ist leicht und es ist ziemlich einfach zu machen. Wenn man eine permanente Lösung möchte, kann man Schnüre am First und an den Traufen entlang spannen. Wenn man die oberen

Durch Schattierung kann man die Temperatur im Gewächshaus senken.

Ränder der Gardinen umnäht, kann man sie einfach auf die Schnüre ziehen wie eine normale Gardine.

Gartenvlies

Für bloßes Schattieren und etwas Isolierung kann man weißes Gartenvlies verwenden. Es ist dünn und leicht und kann über die Pflanzen gelegt werden oder einfach ohne besondere Ziehvorrichtungen an der Gewächshauskonstruktion befestigt werden. Man kann es auf verschiedene Arten zusammennähen oder -kleben. Man kann es sogar vorsichtig in der Waschmaschine waschen. Es gibt auch interessantere Alternativen wie Camouflagenetz oder dünne Spitzengardinen, die man wunderbar zum Schattieren verwenden kann.

Kalken

Früher kalkte man die Gewächshauswände, um die Sonne auszuschließen. Eine wässrige Mischung aus spezieller Kalkfarbe wurde an die Außenseite der Gewächshausgläser gestrichen. Die Idee war, dass der weiße Kalk bei Regen weggespült wurde, sodass danach wieder alles Licht ins Gewächshaus kam. Wenn es im Sommer warm und sonnig ist, besteht oft ein ziemlich stabiler Hochdruck, der einige Wochen lang andauert. Dann kalkte man das Gewächshaus und überließ anschließend der Natur den Rest.

Kalken ist allerdings keine gute Methode, es ist besser, eine durchlässige Gardine zu verwenden. Der Kalkbelag lässt Infrarotstrahlung durch, das heißt Wärme, aber nicht das Licht in der UV-Strahlung. Auf diese Art hat man die Nachteile von zu viel Wärme, aber nicht die Vorteile des Lichts. Die Koppelung Licht und Wärme ist wichtig, je mehr Licht eine Pflanze bekommt, desto mehr Wärme verträgt sie in gewissem Rahmen. Geranien sind ein gutes Beispiel, sie lieben Sonne und Wärme.

Lamellen aus Schattiergewebe

Wenn man in Gewächshäusern oder Wintergärten schattieren will, um es selbst angenehm zu haben, kann man Lamellen aus Schattiergewebe verwenden. Sie erinnern an Gardinenpanele und sind genauso breit wie die Fenster. Sie sind aus dünnem, stabilen Netz, ähnlich wie Mückennetz, es gibt sie in hellen und dunklen Varianten. Die Lamellen werden an das Aluminiumgerüst gehängt und sind versetzbar. Wenn der Sonnenstand sich ändert, versetzt man die Lamellen je nachdem, wo man sitzt. Ähnliches kann man auch selber machen. Alte Bambusrollos kann man dafür genauso verwenden.

BEWÄSSERUNG

Pflanzen, die „den Kopf hängen lassen", wachsen nicht. Will man schöne Früchte oder Blüten bekommen, muss man darauf achten, dass die Pflanzen nie an Wasser- oder Nährstoffmangel leiden. Man kann Pflanzen nicht verziehen, indem man sie gießt. Dass sie jeden Tag Wasser bekommen, bedeutet nicht, dass sie die Trockenheit schlechter vertragen, wenn es aus irgendeinem Grund trocken werden sollte.

Pflanzen brauchen Licht, Wärme, Nährstoffe und Wasser um zu wachsen. Wasser wird bei der Photosynthese verwendet, und ohne Photosynthese wachsen keine Pflanzen. Wenn sie zu wenig Wasser bekommen, überleben sie, aber es geht ihnen schlecht. Dann wach-

Automatische Bewässerung ist eine Methode, um den Pflanzen rund um die Uhr genügend Wasser zu geben. Perfekt, um dem Stress des morgendlichen und abendlichen Gießens zu entgehen, wenn es am meisten grünt.

sen sie schlechter oder überhaupt nicht, was magere Ernten und weniger Blüten zur Folge hat.

Die Idee eines Gewächshauses ist es, einen Platz zu schaffen, an dem die Pflanzen so gut wie möglich wachsen. Um das zu tun, brauchen sie reichlich Wasser. Im Hochsommer reicht es nicht aus, große Tomaten- und Gurkenpflanzen einmal am Tag zu gießen. Sie überleben sicher und tragen auch Früchte, aber lange nicht so viele, wie sie es mit mehr Wasser könnten.

Am einfachsten ist eine automatische Bewässerung. Es gibt mehr oder weniger komplexe Systeme, aber alle erleichtern die Pflege unglaublich. Auch wenn man nur ein paar Töpfe mit Pflanzen hat, ist eine automatische Bewässerung eine große Hilfe; für alle, die viel anbauen, ist es fast eine Voraussetzung. Gurken haben zum Beispiel ziemlich oberflächliche, dünne Wurzeln, aber üppige große, grüne Blätter. Die Wurzeln der Pflanze können nicht ausreichend Wasser aufsaugen, um die Blätter an einem warmen, sonnigen Tag kraftvoll und saftig zu halten. Wenn man keine Automatik hat, sondern nur morgens und abends gießt, lässt die Pflanze mitten am Tag für mehrere Stunden den Kopf hängen. Man kann damit rechnen, dass viele von den kleinen Gurkenansätzen vergilben und abfallen. Die Pflanzen stoßen ihre Früchte ab, wenn Wasser und Nährstoffe nicht für alle reichen.

Perlschläuche

Man kann einen Schlauch nehmen, aus dem das Wasser heraussickert, auch Perlschlauch genannt. Das ist ein normal großer Schlauch aus schaumgummiähnlichem Material, der an einen Hahn angeschlossen ist und einen eingebauten Druckverringerer hat, der die ganze Zeit etwas Wasser durchlässt. Er wird in die Beete gelegt. Für Pflanzen im Topf kann man ihn nicht verwenden, weil er plan liegen muss. Der einzige Nachteil ist, dass es schwer zu messen ist, wie viel Wasser die Pflanzen bekommen. Die Methode ist jedoch einfach und sicher. Dieselbe Art von Bewässerung kann man auch gut in Gartenbeeten verwenden. Sie spart Wasser, das Wasser kommt hin, wo es soll, und man macht nicht alles rundherum nass. Für die Pflanzen ist es besser, wenn das Wasser langsam zu den Wurzeln sickert und sie keine eiskalten Sturzbäche abbekommen.

Es gibt auch dünne Plastikschläuche mit Löchern, die ebenfalls mit niedrigem Druck arbeiten. Das Wasser sickert durch Löcher oder spezielle Nähte. Auch hier kann es schwer sein, genau zu messen, wie viel Wasser die Pflanzen bekommen, aber ansonsten funktioniert es gut. Sie können auch nicht für Pflanzen im Topf verwendet werden, weil sie plan liegen sollten. Man kann sie aber im Boden vergraben. Dann sickert das Wasser direkt zu den Wurzeln, wo es gebraucht wird.

Automatische Tropfbewässerung

Mit Tropfbewässerung ist oft ein System aus sehr dünnen Schläuchen gemeint, die an etwas dickeren Schläuchen sitzen, die wiederum an einen Bewässerungsschlauch gekoppelt sind. Dadurch, dass man den Hahn mehr oder weniger weit öffnet, regelt man, wie viel Wasser durchkommt.

Es gibt auch Modelle mit einem kleinen Temperaturfühler, den man zwischen Hahn und Schläuche einbauen kann. Sinkt die Temperatur, tropft es weniger, steigt sie, tropft es mehr.

Aus den dünnsten Schläuchen tropft das Wasser langsam in die Erde hinunter. Sie werden in einen kleinen Plastikhalter gesetzt, der neben den Pflanzen in die Erde gesteckt wird. Diese Tropfstäbe können einzeln oder zu mehreren bei den Pflanzen sowohl in Töpfen als auch direkt im Boden sitzen.

Man kann viele Tropfschläuche an einen Hauptschlauch koppeln. Der Nachteil ist, dass der Wasserdruck abnimmt, wenn man allzu weit von der Entnahmestelle entfernt ist. Wenn man einen Messbecher unter einen Tropfschlauch stellt, kann man die Wassermenge an einem Tag messen. Den zu geringen Wasserdruck kann man kompensieren, indem man dort, wo der Druck niedriger ist, mehrere Tropfstäbe pro Pflanze installiert.

Wasser fürs Gewächshaus

Fließend Wasser im Gewächshaus zu haben, braucht nicht so kompliziert zu sein. Eine Entnahmestelle nahe an der Tür ist schön. Wenn man nur eine Sommerwasserleitung hat, kann man einen kräftigen, armierten Schlauch von einer selbstleerenden Entnahmestelle zum Gewächshaus führen. Er kann überirdisch liegen. Die Schläuche können mit normalen Schlauchkupplungen aus Plastik verbunden werden, die im Winter mit ins Haus genommen werden. Sie werden sonst empfindlich und können von der Kälte springen oder in jedem Fall undicht werden. Oft reicht es aus, den Dichtungsring an der Kupplung auszutauschen, damit sie wieder dicht wird und noch ein weiteres Jahr verwendet werden kann. Es gibt sie als Zubehör in gut sortierten Fachgeschäften.

Wenn man das ganze Jahr über einen Wasseranschluss haben will, ist das bedeutend komplizierter. Es ist empfehlenswert, dafür einen Klempner hinzuzuziehen, weil die Hauptleitung in frostfreie Tiefe eingegraben und auf die richtige Art angeschlossen werden muss.

Schläuche sind von unterschiedlicher Qualität. Ein guter Schlauch ist teuer, hält aber lange. Wenn man einen Schlauch liegen lässt, auf dem die ganze Zeit Wasserdruck ist, muss er armiert sein. Wenn der Schlauch in der Sonne liegt und das Wasser sich erwärmt, schwillt

Tropfbewässerung und Perlschlauch funktionieren gut und können an eine Zeitschaltuhr gekoppelt werden.

Gießt man per Hand, muss man im Hochsommer täglich mehrmals gießen.

er an und platzt zum Schluss, wenn er von schlechter Qualität ist. Alternativ lösen sich die Plastikkupplungen und werden wie Raketen weggeschossen. Ein Schlauch, der leicht knickt, sodass der Wasserfluss gestoppt wird, macht ständig Probleme.

Die dünnen Transportschläuche, die man im Gewächshaus für die Tropfbewässerung hat, sind billig, genau wie Tropfschläuche und Tropfstäbe. Kaufen Sie viele, sodass Sie welche zu Hause haben und das System bei Bedarf erweitern können.

Dasselbe Tropfsystem kann man für Töpfe verwenden, die man draußen auf der Terrasse stehen hat, wenn man sich das Gießen sparen will. Daran koppelt man armierte Bewässerungsschläuche, die an eine Entnahmestelle angeschlossen werden. Hängende Ampeln sind etwas schwieriger zu bewässern, aber es gibt Ampeln mit speziellen Wasserspeichern, die mehrere Liter Wasser fassen.

Zeitsteuerung

Sowohl Perlschläuche als auch eine Tropfbewässerung können per Zeitschaltuhr gesteuert werden, ungefähr wie eine Eieruhr. Es gibt spezielle Bewässerungsuhren, die das Wasser mehrmals am Tag ein- und ausschalten. Man kann sogar regulieren, wie lange es bei jeder Gelegenheit tropfen soll. Es gibt auch kompliziertere Steuerungen, aber je aufwendiger das System, desto teurer wird es.

Eine einfache Tropfbewässerung, die ohne Ein- und Ausschalten rund um die Uhr läuft, funktioniert sehr gut, eine Zeitsteuerung schafft da keine direkten Vorteile. Man muss damit rechnen, dass es einige Zeit dauert, die automatische Bewässerung zu justieren, egal, ob sie rund um die Uhr läuft oder mit Zeitschaltuhr gesteuert wird.

Sichere Urlaubslösung

Es kann ein ungutes Gefühl sein, Schläuche unter Wasserdruck liegen zu lassen, wenn man wegfährt. Schläuche können platzen, Kupplungen können kaputt gehen oder jemand kann darüber stolpern und den Schlauch abreißen.

Es gibt andere Lösungen, als den Schlauch an einen Wasserhahn zu kuppeln. Tropfbewässerung kann auch an eine Wassertonne angeschlossen werden, und die Wassermenge wird durch Selbstdruck und Selbstfall reguliert. Das reicht ein paar Tage lang, dann muss man die Tonne wieder auffüllen. Wenn die Kupplungen aufgehen oder etwas anderes passiert, ist es eine begrenzte Menge Wasser, die ausläuft, und das wahrscheinlich nicht innen im Gewächshaus.

Für den einmaligen Gebrauch für wenige Tage gibt es praktische Plastikbeutel, die man mit Wasser füllt und an den Wänden des Gewächshauses aufhängt. Daran kann man ein paar Tropfschläuche anschließen. Das Wasser reicht nicht sehr lange, allenfalls über ein verlängertes Wochenende.

Es gibt auch eine Vielzahl von Bewässerungsmatten und „Saugrohren", die man während des Urlaubs verwenden kann. Normalerweise ist das eine Art Matte oder ein Streifen aus Filz, der das Wasser mit Kapillarkraft aus einem Vorratsbehälter an das andere Ende des Materials saugt, das in einem Topf liegt.

Töpfe und Anbaubehälter mit eingebauten Wasserspeichern für größere wie kleinere Pflanzen werden in vielen neuen Formaten lanciert. Alles von Ampeln mit Wasserreservoir in speziellen Behältern unter der Erde bis zu Anbautrögen für Säcke, bei denen scharfe Röhrchen, die Löcher in die Säcke stechen, den Kontakt zum Wasserspeicher herstellen. Es sind selten billige Lösungen, aber sie funktionieren meistens gut und können viele Jahre lang verwendet werden, wenn man sie im Winter frostfrei verwahrt.

Automatische Nährstoffbewässerung

Pflanzen brauchen zum Wachsen Nährstoffe. Diese können entweder in die Pflanzerde oder ins Gießwasser gemischt werden. Eine komplette Tropfbewässerung mit Nährstoffbehälter wird Hydromat genannt und ist eine sehr gute Investition. Außer den Tropfschläuchen, Tropfstäben, Hauptschlauch und Druckventil enthält die Anlage einen Behälter für Dünger. Der Behälter wird hoch oben im Gewächshaus befestigt und funktioniert mithilfe von Wasserdruck. Der Behälter wird mit flüssigem Dünger gefüllt, der in das Wasser, das durch den Behälter strömt, portioniert eingespeist wird. Auf diese Art bekommen die Pflanzen immer Nährstoffe. Wie viel Wasser zu jeder Pflanze kommt, kann man am Hydromaten regulieren. Man stellt eine Anzahl von Litern pro Tag ein, die in die Tropfschläuche fließen. Die Anzahl an Tropfstäben bestimmt man innerhalb gewisser Grenzen selbst. Man kann manchen Pflanzen mehr Wasser geben, indem man mehrere Tropfstäbe setzt. Wenn man an die Tropfbewässerung unterschiedliche Pflanzenarten angeschlossen hat wie Tomaten und Gurken, brauchen die Gurken meist mehr Wasser. Setzen Sie zwei Tropfstäbe an jede Gurke und einen an jede Tomate.

Am besten verwendet man flüssigen Volldünger, der alle Mikronährstoffe enthält. Lesen Sie im Kleingedruckten auf der Verpackung, was er enthält. Pflanzen brauchen um die 20 verschiedene Nährstoffe, ein Volldünger wie Topfpflanzendünger enthält alle in der richtigen Menge. Selbstgemachte Dünger (siehe Seite 24) und organische/ökologische Dünger enthalten oft größere Partikel, die die dünnen Schläuche der Tropfbewässerung zusetzen können. Sie sind daher oft weniger geeignet für diesen Zweck.

Das System im Griff haben

Es dauert im Allgemeinen eine gute Woche, um alle Tropfschläuche für die Pflanzen zu justieren. Tun Sie das rechtzeitig vor dem Urlaub, sodass dann alles stabil ist. Machen Sie anfangs täglich eine Runde im Gewächshaus und fühlen Sie die Feuchtigkeit der Erde; sehen Sie nach Pfützen und ob irgendwo besonders viele Trauermücken sind. Die kleinen schwarzen, schnellen Fliegen sitzen gerne auf feuchter Erde. Wenn etwas auffliegt, wenn man sich einer Pflanze nähert, sind es normalerweise Trauermücken. Ihre Anwesenheit ist ein Anzeichen dafür, dass es zu feucht ist.

Man kann grob davon ausgehen, dass Pflanzen täglich zwischen ½ Liter und 1½ Liter Wasser benötigen. Wenn sie nicht genügend Wasser bekommen, werden sie kraftlos. Wenn die Erde sehr feucht ist und die Pflanzen trotzdem den Kopf hängen lassen, haben sie vermutlich zu viel Wasser bekommen. Die Erdfläche zwischen den Tropfstäben sollte von oben trocken sein.

Pflanzen nehmen nicht mehr Wasser und Nährstoffe auf, als sie brauchen, aber Staunässe im Topf oder Boden schadet den Wurzeln. Die Pflanzen brauchen im Hochsommer mehr Wasser als im Vorfrühling und Spätherbst. Man muss die Bewässerung erhöhen, wenn es immer wärmer und sonniger wird. Große Pflanzen verbrauchen mehr Wasser als kleine. Im Spätsommer muss man die Bewässerung wieder vermindern, sonst können Probleme mit Pilzen und Schimmel auftreten.

Wasser in Bottichen und Kannen ist gut vorgewärmt.

Duschen und Nebeldüsen

Ein übliches Hilfsmittel in den meisten Gärten ist eine **Spritzpistole**. Man kann sie nicht zur Bewässerung verwenden, aber sehr wohl zum Duschen der Pflanzen, wenn man das Mundstück auf feinen „Nebel" einstellt. An richtig heißen Tagen kann man Decke, Boden, Wände und Pflanzen im Gewächshaus abduschen. Dann wird die Temperatur gesenkt und die Pflanzen können etwas leichter atmen. Das Risiko für Angriffe von Blattläusen und Spinnmilben wird kräftig verringert. Duschen ist eine der besten Bekämpfungsmethoden, effektiver als chemische Mittel. Wenn die Pflanzen kraftlos sind, ist duschen auch eine Hilfe für sie, um sich zu erholen. Nehmen Sie am besten kein eiskaltes Wasser, sondern wenn möglich etwas lauwarmes.

Nebeldüsen sind kleine Minisprüher, die man wie hohle Reißnägel in einen harten Plastikschlauch drückt. Wenn man sie ans Wasser anschließt, sprüht ein feiner Nebel durch die Düsen heraus. Der feine Nebel ist perfekt, um die Pflanzen zu erfrischen und die Befeuchtung von Tomaten zu verbessern. Es gibt fertige Systeme zu kaufen, normalerweise hängt man den steifen Plastikschlauch unter das Gewächshausdach. Wenn das Wasser angeht, sprüht ein feiner Nebel heraus. Das Wasser wird auf diese Weise von der Luft erwärmt, bevor es die Pflanzen trifft, und schlägt auch nicht so hart auf sie wie eine Dusche.

Auch dieses System kann an eine Zeitschaltuhr gekoppelt werden, aber man sollte nicht so oft Nebel sprühen wie gießen. Es reicht, dass man es ein oder ein paar Mal mitten am Tag einschaltet, wenn es am wärmsten ist. An wolkigen, kalten Tagen sollte man nicht sprühen. In Hobbygewächshäusern lohnen sich aber keine automatisch gesteuerten Nebeldüsen, es sei denn, man kultiviert besondere Exoten wie Orchideen.

Extraportion Wasser und Dünger

Auch wenn man eine automatische Bewässerung mit Dünger im Wasser hat, reicht das nicht immer aus. Man sollte sich hin und wieder im Gewächshaus umsehen, eine Gießkanne mit gedüngtem Wasser mitnehmen und bedürftigen Pflanzen eine Extraportion geben. Das kann eine Pflanze sein, die im Zug steht, oder in starker Sonne. Man sieht auch nach Zeichen von Nährstoffmangel, am deutlichsten an den neuen

Bei automatischer Bewässerung kann man auch eine automatische Düngung verwenden.

Blättern. Dass alte Blätter vergilben, ist natürlich, aber die neuen Blätter, die oben kommen, sollten grün und fein sein. Wenn sie das nicht sind, kann man versuchen, ihnen ein paar Tage lang Topfpflanzendünger zu geben, 1 Milliliter pro Liter Wasser, und sehen, ob die Pflanze dann wieder gesünder aussieht.

Die Tropfbewässerung kann sich auch zusetzen, sodass keine Tropfen mehr durchkommen. Kontrollieren Sie, dass es tropft, indem Sie ein Gefäß unter den Tropfstab der schwächlichen Pflanze stellen. Sehen Sie bei jedem Tropfstab nach, ob die Erde genau darunter feucht ist. Ist sie trocken, kann der Stab sich durch Kalk oder Dünger zugesetzt haben. Nehmen Sie sie ab und blasen Sie in die Schläuche, um sie zu reinigen. Der Düngerbehälter kann auch kaputt sein oder der Dünger zu Ende, man muss während des Sommers öfters nachfüllen. Seien Sie sorgsam beim Kontrollieren der Bewässerung, nicht nur wegen der Ernte, sondern auch wegen der Pflanzen, die sonst eher Gefahr laufen, von Blattläusen und anderen Schädlingen befallen zu werden.

EINRICHTUNG UND BELEUCHTUNG

Ein Gewächshaus kann auf viele verschiedene Arten eingerichtet werden. Das Wichtigste ist dabei, wie es verwendet werden soll. Ein guter Arbeitstisch, Regale zum Abstellen und ein pflegeleichter Boden sind notwendig, eventuell ein Sitzplatz und Beleuchtung sowie Platz für Arbeitsmaterial.

Vor allem im Frühling ist es herrlich sich im Gewächshaus aufzuhalten, ein Platz zum Kaffeetrinken ist also wichtig. Dann kann man die „grüne" Atmosphäre genießen, die Erde und Pflanzen gemeinsam schaffen. Die Tatsache, dass es im Gewächshaus oft feucht ist, verstärkt die grünen Düfte. Es ist auch etwas wärmer als draußen, weil man windgeschützt ist. Obwohl man drinnen ist, hat man eher das Gefühl draußen zu sein, und das ist das Fantastische – dass man gleichzeitig drinnen und draußen ist.

Wenn man ein Gewächshaus einrichtet, gibt es einige Dinge zu bedenken. Im Gewächshaus ist es oft feucht, und es trocknet langsamer als draußen. Algen und Moos wachsen hier schneller, und Insekten fühlen sich wohler als draußen. Darüber hinaus kann der Boden rutschig werden. Weil das Licht für die Pflanzen wichtig ist, sollte man keine großen, Schatten werfenden Möbel an den Glaswänden entlang aufstellen. Ansonsten kann ein Gewächshaus ungefähr so eingerichtet werden wie ein Arbeitsraum im Haus.

Boden

Will man einen schönen Steinboden legen, muss man den Untergrund vorbereiten, bevor man zum Beispiel die Fliesen legt (siehe Seite 152). Ein hübscher Ziegelboden ist teuer, während man graue Betonfliesen fast geschenkt bekommt. Man kann die Betonfliesen sogar in der gewünschten Farbe streichen. Für ein noch schöneres Raumgefühl kann man „Teppiche" auf den

Platz für Pflanzen, Arbeitsflächen, Aufbewahrung, Kaffeetisch ... oder vielleicht noch etwas anderes?

Boden legen, Kunstrasen für Balkone und ähnliches funktioniert gut. Alle Materialien, die leicht trocknen, lassen sich gut verwenden.

Eine einfachere Methode, Steine zu verlegen ist, vom offenen Erdboden etwas Erde abzutragen, ein Bodenvlies aufzulegen und eine dünne Schicht Sand darauf zu verteilen. Dann glättet man die Fläche mit einem Brett und legt die Platten in den Sand. Das ist einfach und schnell gemacht, aber es kann etwas ungleichmäßig werden, weil man keine drainierende Kiesschicht darunter hat. Alles lässt sich bei Bedarf jedoch leicht erneuern und ist daher eine flexible Lösung, wenn man etwas ausprobieren will.

Man kann auch den Boden ebnen und die Töpfe direkt auf die Erde stellen, aber das wird leicht matschig und rutschig. Wenn man im Erdboden anbauen will, legt man Steine, Platten oder Bodenvlies nur dort, wo ein Weg und eventuell ein Sitzplatz sein sollen. Eine andere Möglichkeit ist, den Boden mit Fliesen aus Plastik oder Holz zu bedecken, die speziell für Wintergärten, Garagen oder Schuppen gedacht sind. Achten Sie darauf, dass die Oberfläche eben ist, bevor die Fliesen gelegt werden, sodass später keine Wasserpfützen auf dem Boden entstehen.

An den Wänden

Die Einrichtung besteht aus Regalen, Arbeitstisch und einem gemütlichen Sitzplatz sowie Raum für die Verwahrung von Säcken, Töpfen und ähnlichem. Wenn man das Gewächshaus im Winter nicht zum Anbau verwendet, kann es gleichzeitig als Verwahrungsort für Pflanzen sowie für Gartenmöbel dienen.

Viele der fertigen Einrichtungsgegenstände, die es für die Gewächshäuser gibt, werden montiert. Regale und Arbeitstische werden auf unterschiedliche Arten an der Wand festgeschraubt. Dies hat Einschränkungen zur Folge. Man darf keine zu schweren Töpfe auf einen Tisch stellen, der an der Wand befestigt ist; das Gewicht überlastet das Gewächshausgerüst. Frei stehende Regale und Tische sind viel einfacher nach Bedarf umzustellen. An einem sonnigen, warmen Tag will niemand zum Kaffeetrinken im Gewächshaus sitzen, ist es dagegen kalt und feucht, kann das Gewächshaus der wichtigste Ort im ganzen Garten sein. Im Winter will man Regale zusammenstellen und Unmengen von Dingen hineinpferchen können. Eine flexible Lösung ist gut für alle Verwendungszwecke.

Regale für den Pflanzenanbau sind eine praktische Lösung. Mit Regalen kann man in die Höhe bauen und eine Menge Pflanzen unterbringen. Wenn man die Regale anschließend auseinandernehmen oder Regalbretter herausnehmen kann, ist das noch besser. Kleine Tomatenpflanzen können bis Ende des Sommers leicht 5–8 Meter groß sein. Dann ist es gut, während des Wachstums nach und nach Regalbretter herausnehmen zu können. Im Frühling ist es meist am engsten im Gewächshaus, wenn man eigene Pflanzen ziehen will. Dann braucht man Regelbretter, um möglichst viele Tabletts mit Pflänzchen hineinstellen zu können. Man sollte diese möglichst nicht direkt auf den Boden stellen. Dort unten ist es kalt und zugig. Die Pflanzen, die auf halber Höhe stehen, haben ein viel besseres Klima. Deshalb soll man auch dann Regale oder frei stehende Tische nutzen, wenn man nicht so viele Pflanzen hat.

Wenn dann alle Blumen und Grünpflanzen wie Geranien, Engelstrompeten und andere mehrjährige Topfpflanzen nach draußen gezogen sind, wird das Gewächshaus recht leer. Dann ist es schön, Regale wegräumen zu können, die sonst nur im Weg herumstehen.

Am besten sind die Regale ganz aus Metall. Holz wird von der Feuchtigkeit angegriffen. Andererseits kosten Lagerregale aus Holz nicht viel. Wenn man sie

Regale mit entnehmbaren Böden sind von Vorteil. Sie schaffen auf mehreren Ebenen Platz für Pflanzen, wenn sie klein sind, und Platz für den Anbau in die Höhe, wenn Gurken und Tomaten heranwachsen.

streicht, erfüllen sie ihren Zweck gut und können leicht variiert oder ausgetauscht werden. Die Farbe kann einen hübschen Akzent setzen, der zu Stühlen, Kissen oder Töpfen passt.

Ein weiterer Vorteil ist, dass man freistehende Regale leicht wärmedämmen oder schattieren kann. Sie haben ein eigenes Gerüst, sodass man nicht alles am Gewächshaus befestigen muss. Man kann Gartenvlies am Gerüst befestigen oder einfach über das ganze Regal hängen. Da die Regale frei stehen, kann man auch an die Seitenwände des Gewächshauses herankommen, um sie im Herbst mit Blasenfolie zu isolieren, was bei festen Regalen an den Wänden schwieriger ist.

Tische

Sowohl Anbautische als auch Arbeitstische kann man aus losen Böcken und Platten machen.

Als **Pflanztisch** funktioniert eine Platte mit Rändern gut. Dank der Ränder bleibt die Erde darauf liegen. Die Platte rutscht nicht auf den losen Böcken herum, wenn man Leisten an der Unterseite anbringt. Da man diesen Arbeitstisch leicht umstellen kann, tragen Sie ihn ganz einfach nach draußen, wenn das Wetter es zulässt. Wenn er im Gewächshaus verwendet wird, kann er mitten im Gang stehen, man stellt ihn ja weg, wenn man mit dem Pflanzen fertig ist.

Anbautische für kleine Pflänzchen erleichtern die Pflege. Sie regulieren über die Böcke selbst eine bequeme Arbeitshöhe. Wenn sie frei stehen, kann man sie entfernen, um dort anschließend größere Pflanzen in den Boden zu pflanzen oder Töpfe auf den Boden zu stellen. Anbautische aus Plastiktabletts, die auf Böcken liegen, erleichtern die Bewässerung. Es gibt sie in vielen Größen und dank der niedrigen Ränder ist es einfach, die Töpfe von unten zu bewässern oder eine Bewässerungsmatte zu verwenden. Es ist auch praktisch, die Tische bei Bedarf auseinander stellen zu können. Also besser mehrere kleine Tabletts als ein großes nehmen.

Aufteilen

Es kann angenehm sein, das Gewächshaus in einen Arbeitsteil und einen „Kaffeebereich" aufzuteilen. Na-

Tische auf Böcken sind einfach auf- und abzubauen, wenn sie nicht mehr gebraucht werden.

türlich kann ein Gartentisch zum Arbeiten verwendet werden, aber oft ist er zu niedrig. Außerdem wird er von der Erde schmutzig; es ist also praktischer, verschiedene Tische zu haben.

Denken Sie daran, dass das Gewächshausmilieu feucht und warm ist. Will man, dass die Pflanzen sich wohl fühlen, muss man an richtig heißen Tagen den Boden befeuchten und die Pflanzen abduschen können. Indem man Boden und Wände nass macht, senkt man die Temperatur, erhöht aber die Luftfeuchtigkeit. Gartenmöbel müssen also Nässe vertragen. Polyrattan-Möbel sind besonders geeignet, weil sie leicht sind, auch Korb- und Rattan-Möbel funktionieren gut. Man sollte Materialien wählen, die man abspülen und reinigen kann.

BELEUCHTUNG

Beleuchtung ist kein Muss im Gewächshaus. An einem Abend mit einem Glas Wein im Gewächshaus schaffen Kerzen eine tolle Stimmung. Wenn man aber das ganze Jahr über anbauen und ein beheiztes Gewächshaus haben möchte, in dem man im Winter herumpusseln kann, braucht man sowohl für die Pflanzen als auch zum Arbeiten Beleuchtung.

Pflanzenbeleuchtung ist im Winter erforderlich, wenn man will, dass die Pflanzen wachsen. Viele Pflanzen wie Geranien wachsen und blühen im Winter, wenn sie genug Licht und Wärme bekommen. Andere wie Olivenbaum und Lorbeer überwintern hell und kühl, kommen aber ohne zusätzliche Beleuchtung klar.

Bewegliche Lösungen

Die frühesten Aussaaten finden gewöhnlich im Februar statt, möglicherweise zum Monatswechsel Januar/Februar. Im Februar oder Anfang März, wenn die Saat umgepflanzt ist, braucht sie mehr Platz. Der helle Raum auf den Fensterbrettern im Haus reicht vielleicht nicht mehr aus, und das Gewächshaus ist immer noch zu kalt.

Dann kann eine extra Beleuchtung im Haus erforderlich werden. Sie wird eventuell 4–5 Wochen lang gebraucht, dann reicht das Tageslicht aus oder man kann die Pflänzchen vielleicht auch schon ins Gewächshaus umstellen.

Will man ohne Fenster Pflanzen ziehen, im Keller, in der Garage, kann man permanentere Beleuchtungen installieren. Für die wenigen Wochen im Frühling, in denen man eine besondere Beleuchtung braucht, kann man das ganz einfach und provisorisch lösen.

Gewächshausbeleuchtung

Richtige Leuchten für die permanente Gewächshausbeleuchtung sind ziemlich teuer und schwer. Damit sie ihr Licht über eine große Fläche verteilen, müssen sie hoch oben sitzen und sehr lichtstark sein. Profigärtner verwenden **Hochdruck-Natriumdampflampen** in speziellen reflektierenden Leuchten. Sie machen ein orangefarbenes Licht. Hochdruck-Natriumdampflampen geben mehr Licht pro Watt als Leuchtstoffröhren. Eine Leuchte mit einer Lichtquelle von 400 W reicht für ein 10 m² großes Gewächshaus. Eine Minivariante für Hobbygewächshäuser mit 70 W Hochdrucknatrium reicht für 3–4 m², wenn man sie 50 cm über die Pflanzen hängt.

Die Verwendung von **Leuchtstoffröhren** ist eine einfachere und sehr gute Alternative. Für Pflanzen sollten es kaltweiße Leuchtstoffröhren sein. Normalerweise sind beim Kauf von Leuchtstoffröhren-Leuchten warmweiße Röhren dabei, die man in Arbeitsräumen verwendet. Kaltweiße Röhren sind nicht teurer, sondern werden nur seltener verwendet, weil ihr Licht für Menschen nicht so angenehm ist. Spezielle Pflanzenleuchtstoffröhren sind teurer und tatsächlich eher schlechter als kaltweiße. Es sind gefärbte Röhren mit Lichtqualitäten speziell für Pflanzen; aber das einzige, was passiert, ist, dass man aufgrund der Beschichtung in der Röhre

Hochdruck-Natriumdampflampen machen ein orangefarbenes Licht, das gut für die Pflanzen ist.

Dekorative „Pflanzenlampe" mit Energiesparlampe, die gutes Licht macht und nicht warm wird.

weniger Licht pro elektrischem Watt bekommt. Sie sind überflüssig, genau wie spezielle Pflanzenglühbirnen.

Metallhalogenlampen sind eine weitere gute Alternative. Sie geben ein grelles, blauweißes Licht und müssen auch in speziellen Leuchten verwendet werden. Pflanzen fühlen sich in diesem Licht wohl, und wenn man ganz ohne Tageslicht anbaut, sind sie am besten. Kakteen und andere Pflanzen, die in ihrer natürlichen Umgebung sehr viel Licht bekommen, brauchen diese Art von Beleuchtung.

LED-Leuchten können auch für Pflanzen verwendet werden. Es laufen noch Versuche mit LED-Beleuch-

tung für den professionellen Anbau im Gewächshaus. Bestimmte Lichtqualitäten sind besser für das Wachstum, andere besser für die Blütenbildung. Der Vorteil an LED-Lampen ist, dass sie energie- und somit kostensparend sind, also eine klimafreundliche Alternative. Ein weiterer Vorteil ist, dass LED-Lampen nicht so viel Wärme abgeben. Der Nachteil ist, dass die Lampen zunächst ziemlich teuer sind. Durch ihre lange Lebensdauer holen sie das in der Regel aber durch die Kostenersparnis beim Stromverbrauch wieder rein.

Wahl der Beleuchtung

Eine permanente Gewächshausbeleuchtung sollte man bei einer Gewächshausfirma kaufen. Dort kennt man sich aus mit den Problemen, die bei Montage und Betrieb entstehen können, die Leuchten sind sicher für feuchte Räume zugelassen. Alle Elektroinstallationen sollten mit einem Fehlerstromschutzschalter versehen sein. In modernen Sicherungskästen sitzt meist ein gemeinsamer Fehlerstromschutzschalter, ansonsten bringt man einen separaten für den Gewächshausstrom an. Steckdosen und Stecker sollen für die Verwendung in feuchtem Milieu zugelassen sein. Wählen Sie die Leuchten danach aus, ob sie im Haus oder im Gewächshaus verwendet werden sollen. Im Gewächshaus soll man nur Leuchten verwenden, die explizit für Feuchträume zugelassen sind.

Hochdruck-Natriumdampf- und Metallhalogenlampen müssen in besonderen Leuchten mit kräftigen Reflektoren sitzen. Die Lampen kosten einiges, deshalb ist es vorteilhaft, zwischen Metallhalogen- und Natrium-Dampflampen wechseln zu können, ohne dass die Leuchte ausgetauscht werden muss. Diese Art von Leuchte ist vor allem aktuell, wenn man einen Großteil des Winters etwas beleuchten will, zum Beispiel Kamelien oder Zitrusbäume.

Für Saaten funktionieren Leuchtstoffröhren und LED-Lampen gut. Ein guter Trick ist, Leuchtstoffröhren in einem Regal mit verstellbaren Brettern zu befestigen. Auf diese Weise kann man die Beleuchtung in der Höhe verstellen. Saat, die auf dem Regalbrett mit der Leuchtstoffröhre steht, bekommt Wärme von unten, und die Pflanzen darunter bekommen Beleuchtung, eine perfekte Lösung. LED-Lampen für Pflanzen brauchen normalerweise keine besondere Leuchte und sind daher

Für ein abendlichen Glas Wein im Gewächshaus reichen Kerzen völlig aus.

eine gute Alternative, auch wenn die Lampen selbst teuer sind. Spezielle LED-Lampen für die Überwinterung von Mittelmeerpflanzen haben eine höhere Wattanzahl als normale LED-Lampen und können im Haus für Topfpflanzen oder im Gewächshaus verwendet werden. Wenn man im Winterhalbjahr elektrische Beleuchtung verwendet, sollte man möglichst die Wärme auch nutzen, die die Beleuchtung abgibt. Die Beleuchtung kann in dem Teil des Gewächshauses verwendet werden, der mit Blasenfolie abgeschirmt ist. Man kann auch lockere Zelte aus Plastik machen und eine Beleuchtung ins Zelt hängen. Denken Sie aber immer an das Brandrisiko und halten Sie Plastik und Leuchtkörper auf Abstand.

LED-Lampen geben am wenigsten Wärme ab, was die Stromkosten senkt, aber den Anbauraum nicht erwärmt. Daher muss man Räume mit LED-Beleuchtung oft mehr isolieren oder mit einer zusätzlichen Wärmequelle ergänzen. Es ist trotzdem teurer, Lampen als Beheizung zu verwenden als eine richtige Wärmequelle.

Technische Anschlüsse

Wasser- und Stromversorgung muss man schon beim Bau eines Gewächshauses mit einplanen. Strom sollte von einem ausgebildeten Elektriker ins Gewächshaus gelegt werden. Man braucht ihn zum Beleuchten und Beheizen. Wenn man ein bisschen plätscherndes Wasser in einem Miniteich in einer Tonne haben möchte, braucht man auch dazu Strom.

Alle Strominstallationen außerhalb des Hauses sollten an einen Fehlerstromschutzschalter angeschlossen sein. Installationen von Niedrigvoltbeleuchtung, Pumpen und ähnlichen Dingen, die an einen Transformator angeschlossen sind, kann man selbst anschließen, wenn sie für die Verwendung in Außenräumen zugelassen sind. Es gibt immer mehr solarbetriebene kleine Pumpen und Lampen, die gar keinen Stromanschluss mehr brauchen. Sie funktionieren aber nur bei gutem Wetter zuverlässig. Es sollte keine für die Pflanzen „lebenswichtige" Sache sein, die von der Solarzelle betrieben wird.

PFLEGE

Genau wie jedes andere Haus muss ein Gewächshaus unterhalten und gepflegt werden. Putzen und Saubermachen sind wichtig und notwendig. Ist man dabei schlampig, sind die Pflanzen schwerer zu pflegen und das Risiko für Schädlingsbefall und Krankheiten steigt.

Das Gewächshaus muss einerseits gereinigt werden, damit während der dunklen Jahreszeit mehr Licht hineinkommt, andererseits, um Schädlinge und Krankheiten loszuwerden. In Ecken und Winkeln sammeln sich Insekten. Sie legen Eier, die sich verpuppen und im kommenden Jahr schlüpfen. Krankheiten können sich auch in der Erde festsetzen, die daher jedes Jahr erneuert werden sollte.

Ein Gewächshaus mit Aluminiumgerüst ist ziemlich pflegeleicht, sollte aber regelmäßig abgespritzt werden. Ein Holzgerüst sollte genauso wie eine Holzfassade in regelmäßigen Abständen abgeschliffen und gestrichen werden. Unabhängig vom Material des Gerüsts muss das Deckmaterial sauber gehalten werden. Schmutz, Vogelkot, Pflanzenreste, Ruß und anderes, das sich auf das Gewächshaus legt, müssen abgewaschen werden. Das kann man immer tun, am besten mehrmals im Jahr. Am wichtigsten ist, dass es im Vorfrühling und Winter sauber ist.

HERBSTPUTZ

Der Herbstputz ist die große Arbeit des Jahres und beim Gewächshaus eine der wenigen absoluten Notwendigkeiten. Man kann mit der Außenseite oder der Innenseite beginnen, ganz wie man es am bequemsten findet.

Außenseite

Die meisten Gewächshäuser haben irgendeine Form von Rand oder Dachrinne an der Traufe. Beginnen Sie damit, diese von Hand zu säubern. Man kann sie auch mit hartem Wasserdruck ausspülen. Achten Sie darauf,

dass Gummileisten dabei nicht abfallen. Wenn man die Rinne geleert hat, kann man das ganze Gewächshaus abspritzen. Ein Hochdruckreiniger ist bei vorsichtiger Verwendung ein gutes Hilfsmittel. Man darf nur nicht mit voller Kraft arbeiten, denn dann kann das Glas eingedrückt werden. Oft reicht es aus, das Glas oder Plastik abzuspritzen.

Der unterste Teil der Seiten, der dem Boden am nächsten ist, wird meist auch auf der Außenseite ziemlich schmutzig. Wenn man das Gewächshaus baut, kann man schon rundherum Steinplatten oder Kies auslegen, so dass keine Erde die Seiten hinauf spritzt.

Der unterste Teil ist meist schattig und feucht, Algen fühlen sich dort sehr wohl. Spritzen Sie Wasser auf die

Bevor das Gewächshaus geschrubbt und ausgespült wird, müssen alle Pflanzenreste hinaus.

Spritzen Sie vorsichtig mit einem Hochdruckreiniger.

Saubere Scheiben lassen mehr Licht durch, wenn es am meisten gebraucht wird.

Algen, schrubben Sie sie mit einer Bürste oder einem Schwamm ab und spülen Sie noch einmal nach. Wiederholen Sie das mehrmals, die Algen lösen sich, wenn sie aufgeweicht sind. Es gibt auch spezielles Algenreinigungsmittel, das man verwenden kann.

Wenn man das ganze Gewächshaus abspritzt, muss man alle Gummileisten und Klammern kontrollieren, die das Glas festhalten. Leisten und Dichtungen um die Dachfenster müssen kontrolliert werden, sie sollen dicht schließen und richtig liegen. Spalten, die kalte Luft hereinlassen, sind bei Minusgraden schwer zu beseitigen. Leisten um die Türen sind ein empfindlicher Punkt. Sand und Schmutz in den Türprofilen müssen weg. Abhängig von Typ und Alter des Gewächshauses kann es helfen, die Scharniere zu ölen oder Silikonspray hineinzuspritzen, damit die Tür sich leichter öffnen und schließen lässt. Sehen Sie auch nach Sockel und Fundament, ob es neue Hohlräume gibt, nachdem das Wasser in Strömen aus dem Gewächshaus gelaufen ist.

Innenraum

Innen beginnt man damit, alle losen Gegenstände aus dem Gewächshaus zu räumen und auszumisten: Zuerst alle Pflanzen, die aufbewahrt oder weggeworfen werden. Töpfe, Arbeitstisch und Möbel müssen hinaus, Werkzeug ebenfalls. Nehmen Sie die Lukenöffner zur Winterverwahrung ab, genau wie alle Schnüre, Halter und Pflanzenreste.

Schläuche usw. werden abgenommen und direkt zum Reinigen in einen großen Eimer mit heißem Wasser gelegt. Spülen Sie sie ab und wechseln Sie das Wasser mehrmals, es muss immer heiß sein, damit Schädlinge, die sich daran festgesetzt haben, absterben. Tropfschläuche und Zubehör werden auf dieselbe Art mehrmals abgespült, sodass Schmutz und Erdreste sich lösen. Wenn man kalkhaltiges Wasser hat, kann man die Tropfschläuche in eine schwache Zitronensäurelösung legen, um Ablagerungen aufzulösen. Anschließend mehrmals mit sauberem Wasser spülen.

Im Frühling, wenn man die Tropfbewässerung wieder anschließt, geht man alles Zubehör durch und pustet durch die Schläuche, um zu kontrollieren, dass sie nicht verstopft sind. Bis dahin werden sie überdacht und frostfrei verwahrt. Die Lukenöffner müssen ebenfalls frostfrei verwahrt werden, am besten im Haus.

Topfpflanzen

Alle Pflanzen müssen aus dem Gewächshaus genommen und abgeduscht werden. Spritzen Sie die Unterseiten der Töpfe und die Unterseiten der Blätter besonders sorgfältig ab. Kranke Pflanzen sollte man wegwerfen, wenn es keine ganz besonderen Arten sind. Es besteht sonst das Risiko, dass sich die Krankheit ausbreitet, sodass alle Pflanzen angegriffen werden und dann weggeworfen werden müssen.

Nach dem Abduschen der Pflanzen bekämpft man eventuelle Schädlinge mit Pflanzenschutzmittel. Lassen Sie die Pflanzen gern eine Weile in geschützter Lage draußen stehen. Kranke Pflanzen sollten etwa eine Woche lang etwas wärmer stehen, zum Beispiel in der Garage, so dass vorhandene Eier schlüpfen und man die Tiere ein weiteres Mal bekämpfen kann.

Topfpflanzen, die überwintert werden sollen, werden erst im Frühling umgepflanzt. Es ist keine gute Idee, sie in neue, nährstoffreiche Erde zu stellen, wenn sie im Winter ruhen sollen.

Einjährige Pflanzen, die im Topf angebaut wurden, werden samt Erde auf den Kompost gegeben. Heben Sie keine Töpfe mit Erde bis zum nächsten Jahr auf. Die Erde im Topf ist mager, man sieht, dass sie zusammengesunken ist und nicht mehr bis zum Rand reicht. Man muss die Pflanzen im nächsten Frühjahr in neue, gute Erde setzen. Füllt man nur neue Erde auf die alte, hat die Pflanze keinen guten Start.

Alle alte Topferde, die auf den Kompost geworfen wird, kann irgendwann wieder verwendet werden, aber noch nicht sofort. Sie muss sich eine Weile erneuern. Wenn sie gemischt mit anderem Material sechs Monate lang im Kompost liegen darf, wird sie besser

Nehmen Sie alles heraus und reinigen Sie es, so gut es geht, auch Töpfe, Bewässerungsschläuche und Gießkannen. Schneckeneier (unten) liegen oft unter Kisten und Töpfen versteckt.

und kann für Beete und Freiland verwendet werden. Die ausgeleerten Töpfe dürfen gerne in heißem Wasser gespült werden. Sehen Sie besonders nach Schnecken am Topfboden, sie sitzen dort gern. Lassen Sie die Töpfe draußen trocknen, bis das Gewächshaus sauber ist.

Bodenerde

Die Erde im Gewächshaus sollte dagegen so gut es geht bereits im Herbst ausgetauscht werden. Erde, die weg soll, gräbt man aus und kann sie im Gemüsebeet

Im ungeheizten Kalthaus herrscht im Winter Ruhe. Machen Sie nur hin und wieder einen Kontrollbesuch.

oder Kompost verwenden, Rosen damit abdecken oder um Büsche und in Beete füllen. Die Erde, in der man Tomaten und Gurken angepflanzt hat, ist nicht schlecht, aber man sollte nicht mehr dasselbe Gemüse darin anbauen. Schädlinge von Tomaten und Gurken können in der Erde versteckt sein und die neuen Pflanzen im Frühling angreifen. Daher sollte sie am besten jedes Jahr erneuert werden, zumindest sollte man eine obere Schicht austauschen.

Wenn Sie wollen, können Sie Beete im Gewächshaus schon im Herbst mit reichlich Komposterde auffüllen, aber erst, nachdem Sie fertig geputzt haben. Komposterde ist gut und hält die Erde frisch, sie beinhaltet sogar Nährstoffe. Es macht nichts, wenn sie gröbere Reste enthält, man muss die Erde nicht sieben. Wenn man die Komposterde im Herbst hineingibt, kann sie bis zum Frühling noch verrotten. Wenn es dann Zeit zum Pflanzen ist, kann man eine 10 cm dicke Schicht gekaufte Erde aus dem Sack darauf geben, um Unkraut vorzubeugen.

Komposterde ist gut für die Pflanzen und vermindert das Krankheitsrisiko, aber sie hat einen großen Nachteil: Es können Schnecken darin sein. Schnecken mögen Kompost, weil sie von Pflanzenresten leben. Sehen Sie genau nach und töten Sie alle Schnecken sofort; verteilen Sie eventuell Schneckenkorn im Gewächshaus, wenn es fertig geputzt ist.

Scheuern und ausspülen

Der Großputz sollte am besten an einem sonnigen Tag stattfinden, wenn alles gut trocknen kann.

Wenn die Außenerde ausgegraben und die Töpfe geleert sind, ist es Zeit zum Abspritzen und Schrubben. Spülen Sie alles von oben nach unten sauber, alle Fugen, Leisten und Ecken müssen besonders sorgfältig ausgespült werden. Man muss alle Eier, Puppen, Larven und überwinternde Insekten sowie Pilzsporen und ähnliches loswerden. Wenn das Glas sehr schmutzig ist, kann man Glasreiniger oder Spiritus verwenden, nachdem man es mit Seife und Bürste geschrubbt hat. Passen Sie auf, dass möglichst wenig Putzmittelreste in die Erde laufen. Schmierseife ist gut, um Gerüste und Holzplatten zu schrubben. Spülen Sie die Gangflächen gut durch und lassen Sie das Gewächshaus trocknen.

Abdichten und überwintern

Nach dem Großputz stellt man das hinein, was den Winter über im Gewächshaus bleiben soll, und füllt Erdboden nach. Wenn das Gewächshaus winterfest gemacht werden soll, ist jetzt der Zeitpunkt. Blasenfolie wird in den Profilen festgeschraubt. Man kann auch frei stehende Zelte aus Plastikfolie, Blasenfolie oder Plastikplatten machen. Bereiten Sie eventuell Stromkabel für Heizlüfter und Beleuchtung schon jetzt vor, bevor die Winterkälte kommt. Legen Sie Thermometer im Gewächshaus bereit.

Töpfe mit Pflanzen, die überwintert werden sollen, werden hineingestellt und so eingepackt, wie es für sie am besten ist. Manche Pflanzen können im Bodenbeet vergraben und mit Laub bedeckt werden. Einige werden vielleicht in Töpfe/Kisten aus Styropor gestellt und mit Sackleinen bedeckt. Andere werden dicht zusammengestellt und in Schattennetz gewickelt, je nach den Bedürfnissen der Pflanze.

Die Pflanzen, die hineingestellt werden, sollten immer so sauber wie möglich und die Erde in den Töpfen etwas feucht sein, aber nicht ganz nass.

Schnee

Im Winter liegt das Gewächshaus meistens im Halbschlaf. Wenn man Pflanzen darin hat, sieht man in regelmäßigen Abständen nach ihnen und liest das Thermometer ab. Fällt Schnee, kann er gerne als isolierende Decke auf dem Gewächshaus liegen bleiben, aber oft hat das Dach eine so steile Neigung, dass leichter Schnee herunterrutscht. Wenn Schnee darauf liegen bleibt und es langsam wärmer wird, sollte man ihn wegwischen. Bei plötzlichem Temperaturanstieg kann der Schnee nass und sehr schwer werden. Wenn man ihn nicht wegwischt, besteht das Risiko, dass entweder das Glas bricht oder der Schnee wieder festfriert, wenn es wieder kälter wird. Man kann Schnee auch gegen die Seiten des Gewächshauses schaufeln oder schieben. Das bringt noch mehr Schutz für die Pflanzen, die im Gewächshaus überwintern.

Frühlingssonne

Wenn es langsam wieder Frühling wird, muss man sehr sorgfältig das Thermometer ablesen und nach den Pflanzen sehen. Hat man Pflanzen überwintert, die nicht winterhart sind, kann es sehr gut sein, dass es in den Töpfen ziemlich früh zu grünen beginnt, dann darf die Erde nicht völlig trocken sein. Wenn die Plusgrade langsam stabiler werden und es Zeit für den Anbaubeginn ist, nimmt man einen kleineren Putz vor.

Putzen Sie bei Bedarf die Fenster, fegen Sie Spinnweben und Insekten weg, entfernen Sie Pflanzenreste und verwelkte Blätter und sorgen Sie dafür, dass es sauber ist. Inspizieren Sie die Pflanzen und sehen Sie nach Schädlingen. Es gibt viele kleine Ecken und Winkel, in denen sich Ungeziefer verstecken kann.

Installieren sie die Lukenöffner, wenn die Nächte langsam frostfrei werden. Bis dahin muss man ein bisschen aufmerksam sein, wenn man Pflanzen im Gewächshaus hat. Die Temperatur kann an einem sonnigen Spätwintertag schnell auf 30–40 °C ansteigen, und das ist nicht gut für die Pflanzen. Öffnen Sie die Dachluken während der wärmsten Stunden von Hand, aber schließen Sie sie wieder, sobald die Temperatur nachmittags wieder zu sinken beginnt. Bald ist die neue Anbausaison in vollem Gang.

Die Temperatur ist das ganze Jahr über wichtig.

7

LESE- UND EINKAUFSTIPPS

Im Winter kann man Samenkataloge und Bücher lesen und sich auf viele verschiedene Arten in das Thema Garten vertiefen. Gartenbauvereine bieten Kurse und Vorträge an, und das Internet ist auch eine gute Informationsquelle, wenn man das Angebot sorgfältig aussiebt.

Weil ein Garten ein dankbares Hobby ist, das Freude macht, engagieren sich viele auf diesem Gebiet, nicht zuletzt im Internet. Es gibt viele „Experten", die über ihren Garten schreiben und bloggen, viele Samenfirmen, die Newsletter verschicken, Zeitschriften mit Frageforen und natürlich Unmengen von Werbung. Das bringt mit sich, dass man lernen muss Informationen auszusieben. Wenn man nicht einfach ersehen kann, wer der Absender der Information ist, sollte man etwas vorsichtig sein.

Viele Universitäten, botanische Gärten und Parks haben informative Webseiten mit Tipps und Ratschlägen, aber man muss an die Geographie denken. Wo befinden sich die Tippgeber? Welche Klimabedingungen herrschen dort? England hat zum Beispiel eine lange und erfolgreiche Gärtnertradition. Aber inwieweit ist das mit meinen Bedingungen vor Ort vergleichbar?

Es gibt viele lokale Vereine und Spezialvereine, die wiederum in einem Hauptverband organisiert sind. Für beliebte Pflanzen wie zum Beispiel Rosen gibt es eigene Vereine. Dort gibt es viele Informationen und Wissen, das ohne Gewinninteresse über Webseiten und Mitgliederzeitschriften verbreitet wird.

Lesetipps im Netz

Hier kommen einige Vorschläge für diejenigen, die Information innerhalb spezieller Gebiete suchen.
http://aussaatkalender.com: Tabellarische Aussaatkalender aus Holland für Gemüse, Kräuter, Blumen, Blumenzwiebeln und Mischkulturen

www.ble.de/DE/Service/aid.html: Unter dem Dach der Bundesanstalt für Landwirtschaft und Ernährung (BLE) bündeln zwei Einrichtungen wissenschaftlich fundierte Informationen rund um Landwirtschaft, Lebensmittel und Ernährung: Das Bundeszentrum für Ernährung (BZfE) und das Bundesinformationszentrum Landwirtschaft (BZL).

www.gartenakademien.de: Unabhängige und neutrale Beratung und Informationen für den Freizeitgarten. In acht Bundesländern gibt es Gartenakademien. Diese sind integriert in staatliche Versuchs- und Forschungseinrichtungen bzw. Landwirtschaftskammern und arbeiten alle mit dem gemeinsamen Ziel, den umweltschonenden Freizeitgartenbau mit einem breiten Serviceangebot zu fördern und mit Fachwissen zu unterstützen.

www.hswt.de/forschung/forschungseinrichtungen/igb.html: Das Institut für Gartenbau am Zentrum für Forschung und Weiterbildung der Hochschule Weihenstephan-Triesdorf

www.lwg.bayern.de: Die Bayerische Landesanstalt für Weinbau und Gartenbau (LWG) ist eine landwirtschaftliche Bildungs-, Forschungs- und Beratungseinrichtung in Veitshöchheim in Unterfranken.

www.mein-schoener-garten.de: Bekannte Zeitschrift mit zahlreichen Beiträgen zu Gewächshäusern, Wintergärten, Folientunneln usw.

EINKAUFSTIPPS

Das Internet hat die Möglichkeiten von Informations-
suche und Warenkauf stark verändert. Es gibt zahl-
reiche Anbieter, die Gewächshäuser vertreiben, und
Firmen, die individuelle Modelle auf Wunsch bauen.
In Baumärkten und Großmärkten werden ebenfalls
Gewächshäuser verkauft, dort sind sie oft Bestellware.

Samen, Pflanzen, Töpfe usw.

In diesem Buch werden nur wenige Sorten angegeben.
Das liegt daran, dass das Sortiment sich schnell ändert
und dass Anbau im Gewächshaus unter anderem den
Vorteil hat, dass man neue Sorten ausprobieren kann.
Leider hat die neue Gesetzgebung innerhalb der EU
eine ganze Menge Chaos auf dem Samenmarkt ange-
richtet. Viele kleine Firmen und Sorten verschwinden.
Das Angebot geht zurück, obwohl es heute leichter zugänglich sein sollte.

Samen für Pflanzen zum Anbau im Gewächshaus
gibt es bei vielen Firmen, die auch übers Internet verkaufen. Es gibt so viele, dass man hier unmöglich alle
aufzählen kann. Die Auswahl, die seriöse deutsche Samenfirmen anbieten, besteht meist aus den Pflanzen,
die sich am besten für unser Klima eignen.

Achten Sie auf Bio-Siegel, die Samen sind dann für
den biologischen Anbau gedacht. Das ist für Hobbygärtner besonders gut. Sie haben oft auch sehr gute
Anbauanleitungen, die zwar für Profigärtner gedacht,
aber trotzdem sehr brauchbar sind. Wenn dort steht,
dass die Keimzeit 21 Tage beträgt, weiß man, dass es
Zeit braucht. Heißt es dort, dass man die Saat bei 15 °C
halten sollte, weiß man, dass sie nicht zu warm stehen
soll, auch wenn man nicht exakt 15 °C erreichen kann.
Auch die Zeit von Aussaat bis Blüte ist angegeben; im
Hobbygewächshaus dauert es meist länger, aber man
bekommt jedenfalls eine grobe Ahnung, wie schnell es
bestenfalls geht.

Pflanzen bei Versandfirmen zu kaufen, ist meist
schwierig, da man nicht weiß, wie lange der Postweg
dauert. Samen überstehen den Transport jedoch gut.

Als Hobbygärtner kann man in der Regel auf Anzuchtplatten, Töpfe und ähnliche Produkte, die für
Profigärtner gedacht sind, verzichten. Es gibt auch ein-
facheres Zubehör im Handel, das für Hobbygewächshäuser geeignet ist.

Biosaatgut, alte Gemüsesorten

www.bingenheimersaatgut.de
www.biogartenversand.de

www.bio-saatgut.de
www.dreschflegel-saatgut.de
www.nutzpflanzenvielfalt.de
www.saatgut-vielfalt.de
www.samenfest.de

Kräuter und Duftpflanzen

www.syringa-pflanzen.de
www.kraeuter-und-duftpflanzen.de

Nützlinge für den Garten

Katz Biotech AG
An der Birkenpfuhlheide 10, 15837 Baruth
www.katzbiotechservices.de

ÖRE Bio-Protect GmbH
Neuwührener Weg 26, 24223 Raisdorf
www.nuetzlingsberater.de

re-natur GmbH
Kräuter Park, Am Pfeifenkopf 9, 24601 Stolpe
www.re-natur.de

W. Neudorff GmbH KG
Abt. Nutzorganismen
Postfach 12 09, 31857 Emmerthal
www.neudorff.de

AMW Nützlinge GmbH
Ausserhalb 54, 64319 Pfungstadt
www.amwnuetzlinge.de

STB-Control
Triebweg 2, 65326 Aarbergen
www.stb-control.de

Sautter & Stepper GmbH
Rosenstr. 19, 72119 Ammerbuch
www.nuetzlinge.de

Katz Biotech AG
Beratungsstandort Süd
Industriestr. 38, 73642 Welzheim
www.katzbiotech.de

DANKE

Vielen Dank an alle, die mich in ihre Gärten und Gewächshäuser gelassen haben. Ich freue mich sehr, Eure schönen Gewächshäuser als Abbildungen im Buch zeigen zu dürfen.

Annica Ahrén und Jan Hansson, Ven
Alex und Karin Alm, Ven
Sonja Andersson und Lars Billquist, Landskrona
Bengt-Anders und Gunilla Bengtsson, Ven
Ingrid und Arne Bengtsson, Ven
Citadellets Schrebergärten, Landskrona
Anita und David Ekblad, Södra Sandby
Karin Eldforsen, Landskrona
Fredriksdals Schrebergärten, Helsingborg
Ing-Mo und Per Gylling, Glumslöv
Maj-Lis und Bosse Hansson, Ven
Maria und Jan-Ingvar Hermansson, Ven
Ulla Hägerlöf, Helsingborg
Björn Höjrup, Ängelholm
Eivor Johansson, Landskrona
Cecilia Karlsson, Ven
Kia Kopfinger, Särö
Kopparhögarnas Schrebergärten, Landskrona
Larvi Schrebergärten, Landskrona
Ageeth Manchot, Häljarp
Familie Malm, Södra Sandby
Kirsten Malmros und Evald Andersson, Ven
Barbro und Nils Molin, Ven
Gunnel und Alf Nordberg, Landskrona
Monica Svensson, Södra Sandby
Ann-Mari Torstensson, Landskrona
Monica Wembring, Ven
Titti und Ingemar Winqvist, Ven
Ingrid und Klas Örnberg, Landskrona

REGISTER

A

Abhärtung im Gewächshaus 38
Abstand zum
  Nachbargrundstück 138
Amarant 44
Ampelpflanzen 51
Ananaskirschen 82
Anbau im Sack 20
Anbau in Kisten 20
Anbau in Töpfen 18
Anbaumethoden 15
Anbauschränke 120
Anbautische 174
Angelonia 44
Anschlagtür 147
Anschlüsse, technische 177
Anzuchterde 16, 17, 23, 25
Anzuchtplatten 86
Artischocken 85
Atragene-Clematis 103
Auberginen 71, 73
Aufbindeschnur 61
Aufsatzrahmen 18
Aufteilung planen 15
Ausgeizen 65
Auspflanzen ins Freie 38
Aussaat im Topf 29
Aussaat in der Kiste 28

B

Bartfaden 46
Bartnelke 44
Basilikum 89
Bäumchen, kleine 105
Bäume vermehren 127
Bebauungsplan 139
Becherblume 46
Beete, improvisierte 59
Beete, saisonale 59
Beheizung 12, 157
Beleuchtung 175

Beleuchtung bei Anzucht 31
Beleuchtung, permanente 108
Beschneiden 62
Bewässerung 157, 164
Bewässerung, automatische 165
Bewässerungsuhren 167
Biosaatgut 186
Blattstecklinge 132
Blumenampeln 51
Blumenerde 16
Blumen im Herbst 105
Blutmehl 21
Bodenbelag 152
Bodenerde 19
Bodenerde austauschen 181
Bodenmaterialien 171
Bodenplatte 153
Breitsaat anlegen 59
Breitsaat in einer Kiste 27
Breitsaat von Blumensamen 57
Buntnessel 48
Büsche im Gewächshaus 106
Büsche vermehren 127

C

Calamondin-Orange 107
Canna 44, 53
Chinesische Nelke 44
Clematis 101
Cocktailtomate 67

D

Dachfenster 147
Dahlien 53
Deckmaterial 142
Dill 91
Drachenflügelbegonie 44
Duftnessel 44
Duftsteinrich 46
Dufttabak 46
Duftwicke 46

Dünger bei Anzucht 34
Dünger im Wasser 34

E

Eigenanbau 5
Einkaufstipps 186
Einrichtung 171
Eisbegonie 44
Eisenkraut 48
Elektroinstallationen 176
Elektro- und Wärme-
  installationen 161
Elfenspiegel 46
Elfensporn 44
Engelstrompete 134
Enzian-Salbei 48
Erdbeerernte, frühe 98
Erde auswechseln 19
Erde, beheizte 154
Erde, billige 25
Erde, saure 23
Erde, verschiedene Zwecke 16
Erde, überdüngte 25
Erdsäcke 15, 20
Erdwärme 161
Eukalyptus 44
Exklusive Sorten 57

F

Farbe des Gewächshauses 140, 141
Färber-Mädchenauge 44
Federwinde 46
Fenchel 46
Feuersalbei 48
Filzmatten zur Bewässerung 35
Fingerhut 44
Fleischtomate 67
Fleißiges Lieschen 46
Frühbeetanlage 97
Frühbeete 88, 95
Frühbeet, einfaches 96

Frühbeet, warmes 95
Frühlingsblumen, Aussaat 120
Frühlingsblumen, frühe 119
Frühlingsgemüse 91
Frühlingspflanzen 102
Frühlingszwiebeln 91
Frühlingszwiebelpflanzen 119
Fuchsie 46
Fuchsien 134
Fuchsrebe 108
Fuchsschwanz 44
Fundament 12
Fundament, durchgehendes 152
Fundamente 151
Fundament, hohes 154

G
Gänseblümchen 44, 121
Gartenerde 16
Garten-Levkoje 46
Gartenpetunie 48
Gartenrittersporn 44
Gartenvlies 35, 98, 164
Gauklerblume 46
Gazanie 46
Geiztriebe 65
Gelbe Kosmee 44
Gemüseanbau 86
Gemüse auspflanzen 87
Gemüse im Gewächshaus 61
Gemüsekohl 44
Gemüsepflanzen vorziehen 85
Geranie 46
Geranien 133
Geranienerde 25
Gerüst 140
Gewürztagetes 48
Gewächshaus, abgesenktes 154
Gewächshaus, Aufbau 11
Gewächshaus, Bausatz 12
Gewächshausbeleuchtung 175
Gewächshausbeleuchtung,
   permanente 176
Gewächshaus ganzjährig
   blühend 101

Gewächshausgerüst 110
Gewächshaus, Größe 11
Gewächshaus, montagefertig 137
Gewächshaus, Nutzung 11
Gewächshaus planen 11
Gewächshäuser, vieleckige 137
Gewächshaustomate 64
Gießen, angemessen 35
Glas 142
Glockenrebe 44
Gloxinienwinde 46
Goldlack 44, 121
Grasschnitt 21
Großblumiges Mädchenauge 44
Großes Löwenmaul 44
Großfiedrige Dahlie 44
Großputz 182
Grundfläche 146
Größe des Gewächshauses 144
Gurken 76

H
Handelsdünger, anorganische 21
Hängegeranie 46
Hängepetunie 48
Hanging Baskets 51
Heizlüfter 27, 157, 160
Heliotrop 46
Helmbohne 46
Herbstputz 179
Hibiskus 46
Hochdruck-Natriumdampf-
   lampen 175
Husarenknopf 48
Hyazinthen 123
Hydromat 168
Hydromat-Bewässerungsanlage 23

I
Immergrüne im Gewächshaus 106
Im Winter anbauen 158
In die Höhe züchten 61
Indischer Stechapfel 44
Innenraum reinigen 180
In Töpfen anbauen 20

Isoliergardinen 159, 163
Isoliermaterial 114

J
Jambú 44
Japanischer Hopfen 46
Johannisbeertomate 67

K
Kaffeeplatz 15
Kalken 164
Kamelien 107
Kapaster 46
Kapkörbchen 46
Kapstachelbeeren 82
Kapuzinerkresse 48, 57
Kartoffelmehltau 93
Kartoffeln im Eimer 93
Kartoffeln vorkeimen 93
Keimfähigkeit 31
Keimlinge ins Gewächshaus 43
Keimzeit 31
Kirschtomate 67
Kiwis anbauen 111
Kletterpflanzen 101
Kletterpflanzen, einjährige 104
Knochenmehl 21
Knollenbegonie 44
Knollenpflanzen 53
Knollenwinde 54
Köcherblümchen 44
Kokardenblume 46
Kompost 17
Komposterde 16
Königskerze 48
Kräuter 88
Kräuter aussäen 129
Kürbisgewächse 76

L
Landnelke 44
Langzeitdünger 23
Laubkompost 17
Leberbalsam 44
LED-Lampen 34, 176

Leinkraut 46
Lesetipps 185
Leuchtstoffröhren 31, 175
Lichtkeimer 43
Lilien 55
Lilien, winterharte 55
Lüftungsfenster 147
Lukenheber 148
Lykopen 65

M

Männertreu 46
Melonenbirne 75
Melonenpflanzen 79
Mikronährstoffe 24
Minikiwis 111
Minimum-Maximum-
    Thermometer 162
Minitreibhäuser 29, 33, 159, 161
Mischpflanzungen 50
Mittagsblume 44
Mittelmeeratmosphäre 101
Muschelblume 46
Mutterkraut 48

N

Narzissen 123
Naturdünger, organischer 22
Nebeldüsen 169
Netzmelone 80
Nützlinge 187
Nährstoffbewässerung,
    automatische 168
Nährstoffe 21
Nährstoffe, Versorgung mit 22

P

Papageienblatt 44
Paprika 70
Peperoni 70
Pepino 73, 75
Perennierende Pflanzen
    aussäen 126
Perlschläuche 165
Petersilie 89

Pflanzenauswahl 15
Pflanzenbeleuchtung 175
Pflanzen kaufen 53
Pflanzentunnel 98
Pflanzerde 16
Pflanzkiste aus Aufsatzrahmen 95
Pflanzschrank 159
Pflanztisch 174
Physalis 82
Pikieren 32
Pinzieren 36
Pinzieren (Tomaten) 66
Plastikplatten 143
Polycarbonat 143
Portulakröschen 48
Prachtkerze 46
Prachtlobelie 46
Primeln 121
Prunkwinde 46
Punktfundamente 13, 151

R

Rankpflanzen 62
Regale für den Pflanzenanbau 172
Rhododendronerde 24
Riesenhibiskus 46
Rosen 101, 108
Rosenerde 25
Rosenverbene 48
Rosmarin 89

S

Saatgut, pelletiertes 30
Saatkisten 27
Saatzeitpunkt 42
Sackständer mit Wasserspeicher 20
Salbei 48, 89
Samen, große 30
Samen keimen 27
Samen, sehr kleine 30
Sand mit Grasschnitt 21
Schädlinge bei Tomaten 67
Schattennetz 163
Schattiergewebe 164
Schiebetür 147

Schiebetüren 147
Schlangengurken 76
Schleifenblume 46
Schmuckkörbchen 44
Schnee 183
Schneeflockenblume 48
Schönmalve 44
Schönranke 44
Schwarzäugige Susanne 48
Silberblatt 48
Silber-Brandschopf 44
Silberregen 44
Solarheizung 161
Sommeraster 44
Sommerblumen
Sommerblumen
    im Gewächshaus 103
Sommerblumen in Ampeln 52
Sommerblumen, Standorte 50
Sommerblumen, Tabellen 43
Sommerblumen, vorziehen 41
Sommerblumen
    zum Auspflanzen 41
Sommerphlox 48
Sommerveilchen 46
Sommervergissmeinnicht 44
Sommerzypresse 44
Sonnenblume 46
Sonnenbraut 46
Sonnenhut 48
Spanisches Gänseblümchen 44
Spinnenblume 44
Spritzpistole 169
Stallstreu 19
Standort fürs Gewächshaus 137
Stecklinge 43
Stecklingsvermehrung 131
Sternenblume 46
Sternwinde 46
Stickstoff 24
Strauchtomaten 66
Strohblume 46
Strominstallationen 177

T

Tagetes 48
Temperatur bei Anzucht 34
Thymian 89
Tische, frei stehende 172
Tomaten 63
Tomaten anbauen 66
Tomaten, aufgeplatzte 67
Tomatenpflanzen, Befruchtung 64
Tomatillo 82
Topfgrößen 29
Topfpflanzendünger 24
Topfpflanzen vermehren 131
Topfpflanzen überwintern 131
Torferde 24
Traufhöhe 146
Trompetenzunge 48
Tropfbewässerung 64, 166, 181
Tropfbewässerung,
    automatische 35
Tulpen 123
Tunnelgewächshaus 142, 144
Türen 147

U

Überwintern 113
Überwinterung,
    Empfehlungen 117
Überwinterungstemperatur 115
Unkrautjäten 85

V

Vereinzeln 36
Vergissmeinnicht 121
Volldünger 24
Vorkultur 27
Vorkultur im Gewächshaus 41
Vorschriften, baurechtliche 138

W

Wandgewächshaus 140
Wärmematten 160
Warmkompost 96
Wasser fürs Gewächshaus 166
Wassermelonen 80

Wasserschlauch 166
Weinreben 108
Weinreben schneiden 110
Weinrebe, Wurzelsperre 110
Wintergarten 139
Winterharte Pflanzen 116
Winterisolierung des
    Gewächshauses 115
Wunderbaum 48
Wurzelgemüse 88

Z

Zauberschnee 44
Zierpflanzen 41
Ziertabak 46
Zinnie 48
Zitruserde 24, 107
Zitruspflanzen 106
Zweizahn 44
Zwiebeln, große 123
Zwiebeln, kleine 122
Zwiebelpflanzen 122
Zwiebelpflanzen,
    Weihnachten 125
Zwiebelpflanzen ziehen 124
Zwischenräume zwischen
    Pflanzen 62

© **2024 Stiftung Warentest**

Stiftung Warentest
Lützowplatz 11–13
10785 Berlin
Telefon 0 30/26 31–0
Fax 0 30/26 31–25 25
www.test.de
email@stiftung-warentest.de

USt-IdNr.: DE136725570

Vorständin: Julia Bönisch
Weitere Mitglieder der Geschäftsleitung:
Dr. Holger Brackemann, Daniel Gläser, Dr. Birger Venn-Hein

Programmleitung: Niclas Dewitz

Det grönskande växthuset
© 2024 Stiftung Warentest für die deutsche Ausgabe
© 2007, 2015 Norstedts für die schwedische Originalausgabe,
die unter dem Titel „Det grönskande Växthuset" erschienen ist.
Die Veröffentlichung wurde mit Norstedts Agency vereinbart.

Autorin: Inger Palmstierna
Fotografien: Inger und Markel Palmstierna
Übersetzung: Julia Gschwilm, München
Projektleitung/Lektorat: Uwe Meilahn
Korrektorat: Thomas Wieke, Berlin
Titelentwurf: Josephine Rank, Berlin
Layout: Maria Ulaner
Satz der deutschen Ausgabe: FÖRM –
Büro für Gestaltung, Berlin
Bildnachweis: gettyimages/moodboard,
Inger Palmstierna; Alle Fotos Inger Palmstierna
außer S. 27: U. Meilahn (Berlin), S. 99 rechts
oben: Himna Garden und S. 139: Willab Garden
Produktion: Christian Königsmann
Verlagsherstellung: Rita Brosius (Ltg.), Romy Alig,
Susanne Beeh
Litho: bildpunkt, Berlin
Druck: Westermann Druck Zwickau GmbH

ISBN: 978-3-86851-453-7

Wir haben für dieses Buch 100 % Recyclingpapier und mineral-
ölfreie Druckfarben verwendet. Stiftung Warentest druckt ausschließlich in Deutschland, weil hier hohe Umweltstandards
gelten und kurze Transportwege für geringe CO_2-Emissionen
sorgen. Auch die Weiterverarbeitung erfolgt ausschließlich in
Deutschland.